오늘도 싱싱하게 텃밭 과학

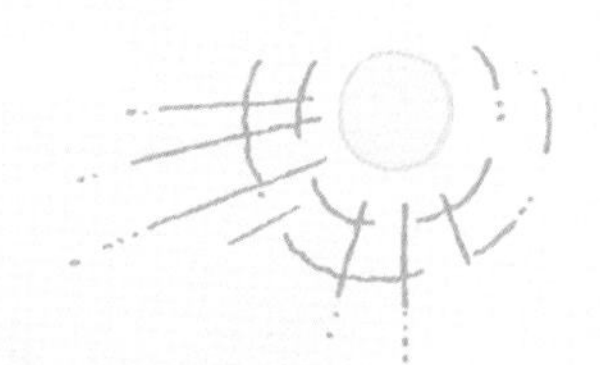

오늘도 싱싱하게 텃밭 과학

김경태 지음

씨앗부터 바이오 연료까지,

세상 모든 생태의 과학

생태계를 만나는 작지만 큰 세계, 텃밭 속 과학 이야기

아이스크림 위에 올라가는 블루베리와 딸기, 샌드위치 속을 든든하게 채우는 상추와 토마토……. 모두 친숙한 먹거리이지요? 하지만 이 먹거리를 길러 내는 농사는 아마 낯설 거예요. 그도 그럴 것이 우리나라는 전체 인구의 약 4%만이 농업에 종사하거든요. 우리는 대개 농사와 직접적인 관련이 없고 농업에 관해 잘 알지 못하지요. 그렇지만 농사는 우리 모두의 삶에 매우 중요한 일이에요. 우리가 먹는 식량을 생산하는 일이기 때문이에요.

농사의 결실인 농산물은 수확 후 포장, 가공을 거쳐 마트에 진열되고 우리의 밥상 위에 오릅니다. 신선한 채소는 그 자체로 먹거리가 되고 어떤 농산물은 밀가루나 토마토케첩처럼 가공식품의 재료로 활용됩니다. 이처럼 농사는 인류를 먹여 살리는 식량 공급 시스템의 출발점이에요. 동시에 토양, 물, 다양한 생물이 이루는 지구 시스템과의 연결 고리이기도 하지요.

80억 명에 이르는 인류를 먹여 살리는 농업의 규모는 엄청납니다. 전 세계 농지의 면적은 약 4,800만km^2로 우리나라 면적의 480배 정도입니다. 정말 넓지요? 생물이 살 수 있는 땅 중에 45%나 차지해요. 그런데 넓은 땅을 점유하고 많은 먹거리를 생산한다는 것은 한편으로 다른 생물이 사용할 자원을 인간이 차지하고 있다는 뜻이기도 해요. 야생생물 보호구역을 만들고 환경오염을 막아 다른 생물이 이용할 자원을 확보하는 방법이 있지만, 그것만으로는 역부족입니다. 대규모 농사가 지구에 미치는 영향은 단순히 자원 배분의 문제가 아니기 때문입니다.

생태계에서는 다양한 생물이 서로 자원을 주고받으며 물질이 순환합니다. 어떤 생물이 만든 폐기물이 또 다른 생물에게는 자원이 되고 이를 통해 균형이 유지되지요. 다양한 생물이 있어서 물질의 순환이 가능하고 물질의 순환이 있어 다양한 생물이 존재할 수 있습니다. 반면 오늘날의 농지는 물질의 순환이나 균형과는 거리가 있어요. 생산성을 유지하고자 막대한 에너지와 자원을 들이고, 많은 쓰레기를 만들어 내요. 지금처럼 농사를 지을수록, 생태적으로 보존된 땅이 좁아질수록 지구상의 생물이 함께 사용할 자원은 더 많이 소모되고 재생 속도는 느려져요.

인류가 처음 농사를 시작했을 때는 지금보다 생태친화적이었어요. 인류가 길들인 작물이 생태계의 일부였기 때문이지요. 인구가 늘면서 농사는 많은 양을 생산하는 데에 초점을 맞추어 발전했습니다. 이제는 작물이 생태계를 이루는 요소였다는 사실을 까맣게 잊을 정도로 농사는 생태계와는 동떨어져 보여요.

생태적이지 못한 농사는 고스란히 지구에 부담이 되고 있습니다. 전 세계 온실 기체 배출량의 약 16%가 농업 분야에서 나온다고 해요. 온실 기체는 벼를 키우는 푸른 들판에서도 나오고, 화학비료를 만들고 사용하면서 배출되기도 해요. 디젤 연료로 움직이는 농기계, 가축의 트림과 방귀도 온실 기체 배출의 주요 원인입니다. 여기에 작물을 공급하고 소비하는 시스템까지 고려하면 농업 분야의 온실 기체 배출량 비중은 26~34%까지 늘어나요. 특히 중간에 버려지는 식량이 상당히 많은데요, 수확 후 소비되기까지 생산된 식량의 3분의 1이 사라진다고 해요. 이러한 폐기 과정에서 상당한 양의 탄소가 배출됩니다.

지구에 지워진 부담을 줄여 나가려면 '대전환'이라고 부를 만큼 많은 변화가 필요합니다. 농업도 예외는 아니에요. 하지만 식량 공급 시스템과 지구 시스템은 너무나 복잡하고 거대해서 일상에서 생태적 인식과 실천을 하기란 쉽지 않은 일이에요. 그래도 뭔가를 해 보고 싶다면, 생태계를 몸으로 느껴 보고 싶다면 텃밭을 한번 가꿔 보세요.

씨앗을 심고 흙을 만지고 작물을 돌보면서 여러분은 한 생명과 연결된 그물망 같은 관계를 만나게 될 거예요. 해충-익충-작물의 삼각관계, 땀도 식혀 주고 수정을 도와주는 바람, 뿌리 주변의 미생물 마을에 대해 더 자세히 알게 될 것이고요. 씨앗, 흙, 물, 공기, 온도, 빛 등에 더 많은 관심이 생기고, 직접 퇴비를 만들기도 하며 생태적인 시각이 점점 더 깊어질 거예요.

농사가 마냥 쉽지는 않아요. 때로 작물이 시들어버려 속상할 수도 있어요. 그렇지만 경험이 쌓이는 만큼 보이는 게 많아질 거예요. 모든 것을 완벽하게 알아야 할 필요는 없어요. 다만 텃밭에서 만나는 존재들과 교감하고 그들에 대해 깊이 알아가다 보면 생태적인 감수성이 살아나고 삶이 풍요로워질 거예요.

이 책에는 텃밭을 가꾸는 즐거움에 푹 빠진 주하의 텃밭 일지가 실려 있어요. 밭에 이랑과 고랑을 만드는 일부터 지렁이 키우기, 잡초 뽑기 등 텃밭에서 펼쳐지는 흥미진진한 이야기가 담겨 있어요. 이 이야기를 따라가면서 그동안 알지 못했던 존재들을 향한 눈과 마음이 열리길 바라요. 그것은 여러분뿐 아니라 이 땅을 함께 디디고 살아가는 수많은 존재가 지구가 주는 풍요로움을 계속 누릴 수 있도록 돕는 소중한 첫걸음이 될 것입니다.

차례

1

텃밭의 즐거움과 이로움

생태 전환

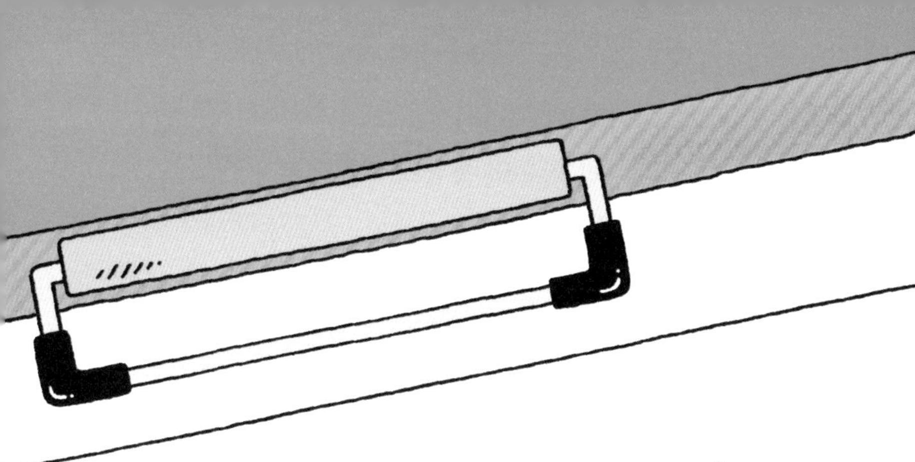

첫 동아리 활동 날, 나는 텃밭 동아리에 가입했다. 초등학교 때 텃밭 활동이 너무 재미있었어서 중학교에서도 꼭 하고 싶었다. 그래서 얼른 가입했다. 오늘은 서로 자기소개를 했는데, 낯선 친구들이 많아서 살짝 긴장됐다. 우리가 하는 일을 텃밭 일지에 쓰기로 했다. 진짜 농부가 된 것 같아 설렌다.

겨울방학 동안 쉬고 있던 텃밭 정리하기

텃밭 활동의 매력은 뭘까? 내가 좋아하는 방울토마토는 물론이고, 별로 좋아하지 않는 가지를 수확할 때도 뿌듯하다. 수확하는 날이 아니어도 텃밭에서 흙과 식물을 만지다 보면 마음이 편안해진다. 왜일까?

몸과 마음이 풍성해지는 텃밭

여러분은 텃밭을 가꿔 본 적 있나요? '텃밭' 하면 어떤 모습이 떠오르나요? 아마도 그 모습이 크게 다르지 않을 것 같네요. 마당이 있는 집 한쪽에 작은 밭이 있고 밭에는 상추, 깻잎, 가지, 토마토, 고추 등 다양한 채소가 자라고 있는 장면이 아닐까 싶어요. 조금 더 자세히 들여다볼까요?

밭을 가꾸는 사람은 전문적인 농부는 아니고 40대 직장인이에요. 부지런을 떨어 출근하기 전에 밭을 돌보는 시간을 마련해요. 이른 아침 밭에 쪼그려 앉으면 촉촉하고 부드러운 흙의 향과 촉감에 기분이 상쾌해져요. 일찍 퇴근한 날이나 주말에는 잡초도 뽑고 병충해는 없는지, 건강하게 자라고 있는지 살피며 소중히 키워요.

씨앗을 심고 물을 준 뒤에는 싹은 언제 틔울까, 혹시 새들이 먹어 버리지는 않을까 걱정 반 기다림 반으로 시간을 보내요. 모종을 옮겨 심을 때는 행여 뿌리가 상할까 갓난아기처럼 조심조심 다루고요. 비가 세차게 오는 날이면 작물이 쓰러지지는 않을까, 흙이 빗물에 쓸려 가지는 않을까 걱정스러운 마음으로 하루를 보내지요.

작은 밭에 워낙 다양한 채소를 심다 보니 수확량이 많지는 않

을 거예요. 그러나 수확의 기쁨은 수확량에 비례하지 않아요. 돌봄과 기다림 끝에 수확물을 얻는 일 자체가 큰 기쁨이거든요. 손수 재배한 작물로 요리를 해서 밥상을 차리는 것도 보람될 거예요. 비록 한 끼로 끝날 만큼 적은 양이더라도요. 다음엔 또 어떤 작물을 키울까, 땅심은 어떻게 북돋을까 하며 기대감으로 계획을 세우겠지요.

내 먹거리를 직접 길러 낸다니! 텃밭 농사는 참 근사한 일이에요. 그런데 집에 마당이 있어 텃밭을 가꿀 수 있는 경우는 드물어요. 특히 도시에 살고 있다면 흙이 있는 곳을 찾기가 더더욱 어렵지요. 국토교통부 통계에 따르면 2024년 기준으로 우리나라 인구의 92%가 도시에 거주한다고 해요. 국민 10명 중 9명이 도시에 살고 있다는 뜻이에요.

그렇다고 해서 텃밭이 주는 즐거움을 포기하지는 마세요. 다양한 형태의 텃밭이 가능합니다. 주말농장을 빌리거나 공공 도시 텃밭을 분양받을 수 있어요. 공공 도시 텃밭은 보통 추첨을 통해 분양되는데 그 경쟁률이 꽤 높아서 매년 당첨되기는 어려울 수 있습니다. 그런데 텃밭이 집에서 멀면 매번 이동하는 것이 번거로울 수 있겠지요. 그렇다면 옥상 텃밭, 베란다 텃밭, 학교 텃밭 등 가까이에서 시작하는 방법도 얼마든지 있답니다.

텃밭에 가면 왜 기분이 좋아질까

텃밭은 우리에게 먹거리를 내줄 뿐만 아니라 심리적으로도 긍정적인 영향을 줍니다. 농작물은 인류가 농사를 시작하며 길들인 특별한 식물이에요. 자연에서는 서로 경쟁하며 함께 크는 다른 식물이나 병을 일으키거나 옮기는 곤충, 해충을 물리치는 곤충 등 여러 생물과 다양한 상호작용이 이루어지지만, 텃밭은 상추면 상추, 토마토면 토마토 이렇게 단일한 종만 자라는 특수한 조건이에요. 그래서 물과 비료를 주고 병충해를 예방하고 잡초를 제거하는 등 사람의 손길이 끊임없이 필요해요. 농작물은 인간의 보살핌이 없다면 생존하기 어려운 셈이지요.

이러한 인간의 돌봄에 농작물은 동물과는 또 다른 방식으로 자신의 필요와 의사를 표현합니다. 풍성한 잎을 펼치기도 하고 이파리가 노랗게 변하거나 말라 버리기도 해요. 잘 익은 열매를 내놓는 것도 인간의 정성 어린 보살핌에 대한 응답이라 할 수 있을 거예요. 이처럼 농작물을 키우고 수확하는 것은 한 존재를 깊이 들여다보고 돌보는 일입니다. 이 과정에서 자존감이 올라가고, 인지 기능과 사회성이 향상되는 심리적 효과를 얻을 수 있다고 해요. 스트레스와 우울감도 줄여 줘서 최근에는 '치유 농업'이라는 심리 치료법도 등장했어요.

텃밭 가꾸기의 긍정적 영향은 인지 심리학의 '주의 회복 이론'으로도 설명할 수 있어요. 도시에는 늘 다양한 자극이 있기 때문에 그중에 필요한 자극을 선별하고 집중하려면 많은 애를 써야 해요. 이때 주의력이 많이 소진됩니다. 반면 자연 속에서는 애쓰지 않아도 쉽게 주의를 기울일 수 있어요. 주의력이 오히려 회복됩니다. 즉 자연은 우리의 주의력을 회복시키는 '회복환경'이에요. 숲과 같은 자연환경이 아니어도 작은 텃밭, 책상 위 작은 화분도 회복환경이 될 수 있답니다. 멍 때리기도 정신적 피로를 회복하는 데 도움을 준다고 해요.

텃밭 가꾸기가 우리의 몸과 마음을 건강하게 만든다는 데에는 신경 과학적 근거도 있습니다. 이른 아침 밭에 나가면 선선한 새벽 공기에 교감신경이 활성화되면서 몸이 깨어납니다. 동시에 아침 햇살이 수면-각성 주기를 조절하는 호르몬인 멜라토닌 분비를 억제하면서 잠에서 깨어나요. 행복감을 느끼게 하는 신경전달물질인 세로토닌이 분비되면서 기분도 상쾌해집니다. 교감신경과 부교감신경이 균형을 이루면 스트레스를 잘 견딜 수 있어요.

또 건강한 흙은 고유의 좋은 냄새가 있어요. 시원하고 쌉쌀한 냄새예요. 흙 속의 방선균이 분비하는 화학물질인 지오스민이 이 향에 한몫하는데요. 지오스민은 염증을 억제하고 심신을 안

정시키는 효과가 있다고 해요. 흙을 계속 만지면 흙 속 미생물이 세로토닌 분비를 촉진하기도 하고요. 그리고 적당한 신체 활동은 심혈관 건강에도 좋지만, 스트레스 호르몬인 코르티솔의 분비를 줄여 준답니다.

텃밭 가꾸기는 단순히 먹거리를 일구는 농사일 그 이상의 의미가 있어요. 복잡하고 바쁜 현대 사회를 살아가는 사람, 바로 우리의 지친 마음을 회복하고 몸을 건강하게 해 주는 치료사라고 할 수 있습니다.

텃밭에서 기후 위기를 생각하다

우리가 기후 위기에 처해 있다는 사실을 부정하는 사람은 없을 거예요. 산업혁명 이후 인간의 활동으로 온실 기체, 특히 이산화탄소의 배출이 늘었어요. 산업화 이전에는 전 지구 이산화탄소 농도가 약 278ppm이었는데, 2025년에는 430ppm으로 증가했어요. 대기 중 온실 기체 농도가 계속 증가하면서 온실효과가 강해졌고 지구 대기라는 거대한 온실의 온도가 더욱 높아졌어요. 세계기상기구(WMO)에 따르면 2024년 한 해 동안의 지구 평균 기온은 산업화 이전 시기(1850~1900년)보다 1.55℃ 높아졌어요.

지구의 평균 기온이 올라가면 많은 요소가 영향을 받아 기후 재난으로 이어집니다. 예를 들면, 극지방의 얼음이 녹고 해수면이 높아지고, 홍수나 가뭄, 폭염도 더 자주 일어납니다. 기후변화를 기후 위기라고 부르는 이유는 우리가 새로운 기후에 적응하기도 전에 온갖 치명적인 피해가 발생하기 때문이에요. 폭염과 혹한으로 환자나 사망자가 발생하고, 땅이 물에 잠겨 집을 잃거나 농사를 짓지 못해 굶주리는 인구가 늘어날 수 있거든요.

농업 분야에서도 당장 기후 위기의 영향을 체감하고 있어요. 기후변화가 일어나면서 각종 농작물의 주요 재배지가 달라지고 있습니다. 그나마 채소류는 재배 기간이 짧아서 재배지를 옮기는 게 상대적으로 쉬워요. 하지만 수년에 걸쳐 키우는 나무 종류는 빠르게 재배지를 바꾸기가 어렵습니다. 채소류도 단순히 재배지만 바꿔서 될 일이 아니에요. 흙의 특성, 날씨의 변화, 강수량과 연중 온도의 변화 등을 고려해서 농사법을 바꿔 나가야 하거든요.

또 기후 위기가 닥치면 병충해가 늘고, 가뭄과 홍수 피해도 더 커질 거예요. 그러면 농산물이 안정적으로 생산되고 유통될 수 없겠지요. 먹거리 가격도 널을 뛸 테고 농민들의 피해와 고통도 커질 게 분명해요. 이러한 충격을 완화할 수 있는 준비가 필요합니다.

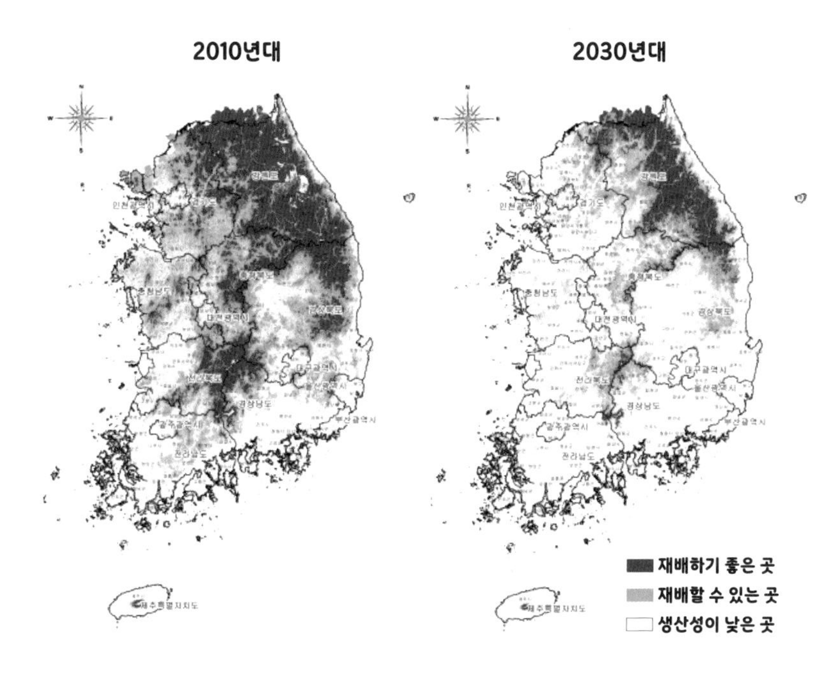

사과의 재배지 변동 예측 지도

우리가 할 수 있는 일은 기후변화에 빠르게 적응하는 것과 기후변화의 속도를 최대한 늦추는 것입니다. 국제사회는 지구 평균 기온(10년간 평균 기준)이 산업혁명 이전과 비교해 1.5℃ 이상 오르지 않도록 막자고 목표를 함께 세웠어요. 그리고 이를 달성하기 위해 2050년까지 탄소중립을 이루기로 약속했어요. 탄소중립이란 순 탄소 배출이 0인 상태를 뜻해요. 배출하는 이산화탄소의 총량만큼 이산화탄소를 흡수한다면 순 탄소 배출이 0이 되는 거예요. 그러려면 탄소 배출량은 최대한 줄이고 탄소를 흡수해 저장하는 숲, 습지 등은 늘려야겠지요. 말처럼 쉽지 않은 일이에요. 그동안 인류가 살아온 방식과는 많이 달라져야 하거든요.

텃밭 가꾸기는 기후 위기를 막는 데 도움이 될까요? 사실 농업 분야도 탄소를 꽤 많이 배출합니다. 어떤 작물과 품종을 어떤 방법으로 키우느냐에 따라 탄소를 배출할 수도 있고, 반대로 탄소를 흡수하고 저장할 수도 있어요. 이를테면 화학비료를 쓰면 탄소 배출이 증가해요. 화학비료를 생산하는 과정에서도 탄소가 배출되고, 화학비료를 뿌린 밭은 탄소 흡수·저장량보다 탄소 배출량이 더 많거든요. 텃밭은 세상의 작은 일부이지만, 텃밭에서의 경험은 전 지구적 기후 및 환경 문제를 더 가까이 느끼고 이해하는 데 도움이 될 거예요. 많은 사람이 텃밭을 가꾼다면 환경을 생각하는 마음을 더 모을 수 있지 않을까요?

텃밭으로 식량 위기를 해결할 수 있을까

우리나라처럼 풍요로운 국가에서 식량 위기를 체감하기는 어려워요. 그런데 국제연합(UN) 산하기관의 통계에 따르면 2023년

한 해 동안 굶주림으로 고통받는 인구는 약 7억 3,000만 명이라고 해요. 세계 인구가 80억 명이니 11명 중 1명이 매일 굶고 있는 거예요. 전 세계에서 생산되는 식량은 80억 인구가 충분히 먹을 양이라고 하는데, 왜 이렇게 많은 사람이 굶주림에 시달리고 있을까요?

그 원인은 여러 가지입니다. 기후변화로 생산량이 줄기도 했지만, 최근 러시아-우크라이나 전쟁으로 에너지 가격이 상승하고, 주요 식량 수출국이 수출을 제한해 식량 공급이 불안정해지는 등 여러 상황이 복합적으로 영향을 끼치고 있어요. 지역별로 특정 작물만 집중적으로 경작하고 식량 공급을 무역에 의존하는 세계화도 문제예요.

더 근본적인 원인은 식량 수요의 증가입니다. 인구가 늘어나니 필요한 식량도 증가할 수밖에 없지요. 그런데 인구의 증가와 함께 식습관의 변화도 한몫합니다. 동물성 식품 소비가 늘고 있거든요. 경제 수준이 높아질수록 동물성 단백질(육류) 소비량이 증가합니다. 육류 소비가 증가한다는 것은 생산한 식량 중 상당량이 가축 사료로 사용된다는 뜻이에요. 소고기 1인분(150g)을 얻기 위해 1kg 정도의 곡식이 사료로 사용됩니다. 한 사람이 소고기를 먹으려면 7명이 굶어야 하는 셈이지요.

한편 식량 안보도 아주 중요한 문제입니다. 식량 안보란 재난이나 전쟁이 일어났을 때를 대비해 식량 공급을 적정 수준 이상 안정적으로 유지할 수 있는 능력을 의미해요. 우리나라의 식량 자급률은 식량 안보 측면에서 매우 취약합니다.

우리나라 식량자급률은 2023년 기준 49%이고, 곡물자급률은 22%입니다. 쌀 자급률은 100%에 가깝지만 안심할 수 없습니다. 밀, 옥수수, 콩 등 곡물의 자급률은 보통 1% 내외로, 많아도 10%를 넘지는 못해요. 만약 곡물을 전혀 수입할 수 없게 되어 국내 쌀로만 곡식을 공급해야 한다면 쌀이 부족한 상황이 됩니다. 지금 생산되는 쌀은 우리나라 인구의 60% 정도만을 감당할 수 있어요.

한국은 식량자급률로 보면 경제협력개발기구(OECD) 국가 중 거의 최하위입니다. 낮은 식량자급률뿐만이 아닙니다. 농경지는 날로 감소하고 있고, 농업인구 또한 노령화되거나 줄고 있어요. 여러 문제가 겹쳐 있기에 대책이 시급합니다.

이런 시점에서 텃밭 농사에 골몰하는 것이 한가하고 안일해 보이나요? 혹시 텃밭이 식량 위기를 극복할 수 있는 해법이 되지는 않을까요? 물론 텃밭만으로는 어렵겠지만, 조금은 도움이 될 수 있어요. 유기농 도시 농업의 성공 사례로 꼽히는 쿠바의 이야기를 들으면 생각이 조금은 달라질 거예요.

쿠바는 1990년대에 식량 위기를 겪었어요. 1950~1990년은

미국을 중심으로 한 자본주의 진영과 소련을 중심으로 한 공산주의(사회주의) 진영이 대립하는 냉전 시기였어요. 사회주의 국가였던 쿠바는 이 냉전 체제가 무너지기 전까지 사회주의 국가들과의 무역에 크게 의존했습니다. 기본적인 식량 작물보다는 기호식품이 되는 사탕수수, 담배, 커피 등 작물을 주로 재배했어요. 이 기호작물들을 대량생산해 수출하면서 주요 연료와 자국 소비 식량의 98%를 수입했지요. 그런데 1991년 소련이 붕괴하고 사회주의 국가들이 몰락하면서 석유, 식료품, 화학비료 등을 수입하기 어려워졌고 식량 위기를 겪었어요.

농약과 비료가 없으니 쿠바는 어쩔 수 없이 유기농 농업을 해야 했습니다. 그리고 식량을 생산하기 위해 농지를 최대한 확보하고 도시 농업을 활성화했어요. 그 결과 쿠바는 이제 식량자급률이 50%에 가까워졌고, 수도 아바나의 경우 식량의 90%를 도시와 근교에서 공급받습니다. 식량자급률이 절반이니 낮다고 생각할 수도 있겠지만, 비슷한 경제 수준의 국가 중에서는 높은 편이랍니다.

쿠바의 사례에서 주목할 점은 텃밭을 포함한 도시 농업이 식량자급률을 올리는 데 이바지했다는 사실이에요. 원해서 시작한 일은 아니었지만요. 그리고 도시에서 농사지을 수 있는 땅을 최대한 찾아내고, 바이오 농약과 생물 비료를 만들어 내고, 기계

대신 가축을 활용한 농업이 활발해지면서 지속 가능한 농업도 확대되었어요.

쿠바의 도시 농업, 매력적이지 않나요? 도시의 텃밭에서 스스로 유기농 먹거리를 생산하고, 생산된 작물을 도시 안에서 유통하고 거래할 수 있어요. 더군다나 도시에 농민 일자리가 생겨나는 일은 현대 도시에서 상상하기 어려운 신기한 경험이에요. 외부 조건 때문에 강제적으로 선택할 때만 도시 농업이 가능한 걸까요? 어쩔 수 없어서 억지로 하는 것보다 자발적으로 행한다면 효과는 더 좋을 거예요.

지금은 생태 전환 시대

코로나19의 대유행 시기에 우리 사회는 인간이 다른 존재와 얼굴을 맞대고 서로 관계를 맺는 일이 얼마나 소중한지를 배웠어요. 텃밭에서는 우리가 관계 맺는 대상이 비단 인간만이 아니라는 사실을 배울 수 있어요. 그 상호작용의 그물망에는 식물과 흙뿐 아니라 지렁이와 갖가지 땅속 미생물도 포함돼요. 우리의 몸과 마음도 이 상호작용의 영향을 받아요.

오늘날을 생태 전환 시대라고 해요. 지금의 인류가 마주친 여

러 위기를 헤쳐 나가려면 우리의 관점과 생활양식이 생태적으로 바뀌어야 한다는 뜻이에요. 생태적으로 생각하고 행동하려면 우리와 관계 맺는 대상에 대한 깊은 이해가 필요해요.

우리는 대부분 도시에 살고 있어요. 다른 존재를 만나거나 알기 위해 산과 들로 갈 수도 있겠지요. 하지만 일시적인 만남으로 그치는 경우가 많고, 깊은 관계를 맺기는 어려워요. 도심의 공원, 공공 도시 텃밭에서라면 다른 생물과의 관계를 이해하고 생태적 관점을 키워 갈 수 있을 거예요.

'텃밭이 미래의 희망이 될 수 있을까요?'라고 묻는다면 너무 거창하게 느껴집니다. 하지만 텃밭이 희망찬 미래를 여는 작은 한 걸음은 될 수 있어요. 1만 년 전, 인류의 첫 농사도 조그마한 텃밭에서 시작되지 않았을까요? 텃밭에서 시작된 농사에 관한 경험과 지식은 어느덧 80억 인구를 먹여 살리는 과학이 되었어요. 농업 안에 숨겨진 이야기들을 하나씩 풀어 보며 여러분의 세상이 더 넓어지기를, 그리고 미래에 대한 밝은 기대가 우리 안에 싹트기를 바랍니다.

2

농부의 보물 1호

씨앗

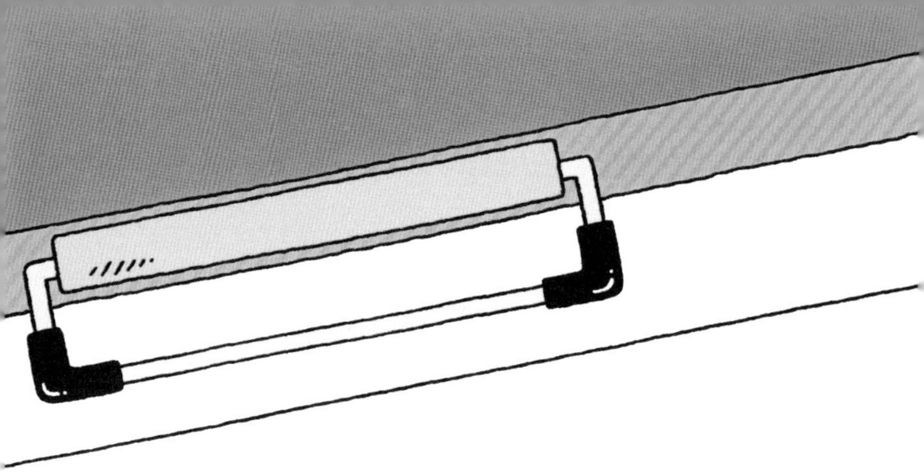

날씨가 참 좋았다. 선생님이 사 오신 상추 모종을 밭에 옮겨 심었다. 밭은 2주 전에 미리 퇴비도 주고 잡초가 나지 않도록 비닐로 덮어 두었다. 비닐을 치워 보니 잡초가 없고 부드러운 상태였다. 미리 계획한 대로 모종을 심었다.

상추 모종이 뿌리를 잘 내리는지 이틀마다 와서 확인하기

3일마다 모종 주변에 물 주기

영상을 찾다 보니까 상추 씨앗을 직접 심기도 해서 신기했다. 나는 상추 씨앗을 본 적이 없는데, 상추 씨앗은 어떻게 생겼을까? 모종을 심는 것과 씨앗을 심는 것은 어떤 차이가 있을까?

냉장고의 유정란도 21일간 잘 품으면 병아리가 태어납니다. 달걀에 비하면 씨앗은 아주 작지만 하나의 생명체로 자라날 수 있는 잠재력은 똑같이 지녔어요. 닭이 알을 낳듯이 다 자란 풀이나 나무는 씨앗을 만들고 그 씨앗을 통해 자손들이 퍼져 나가지요.

씨앗은 어떻게 만들어질까요? 닭은 번식기가 되면 짝짓기를 하고 생식세포인 정자와 난자가 만나 유정란이 되지요. 자손을 퍼뜨릴 시기가 되면 식물은 꽃을 피웁니다. 꽃의 수술과 암술에서 각각 생식세포를 만들고, 이들이 만나 씨앗이 돼요. 그래서 꽃을 식물의 생식기관이라고 해요.

꽃을 자세히 들여다본 적 있나요? 대개 꽃은 암술과 수술을 꽃잎이 감싸고, 꽃받침이 말 그대로 꽃잎을 받치는 구조예요. 암술에서 밑씨를, 수술에서 꽃가루를 만드는데, 꽃가루가 바람, 곤충, 물 등에 의해 암술머리에 붙으면 꽃가루 안에 있는 정핵이 밑씨까지 이동해서 수정이 이뤄집니다. 수정이 이뤄지면 밑씨는 씨앗이 되고, 밑씨를 둘러싸고 있던 씨방이 커져서 열매가 되지요. 우리가 먹는 사과, 복숭아와 같은 열매의 과육은 대개 씨방이 변한 거예요.

많은 사람이 상추를 키우지만 정작 꽃을 본 사람은 별로 없

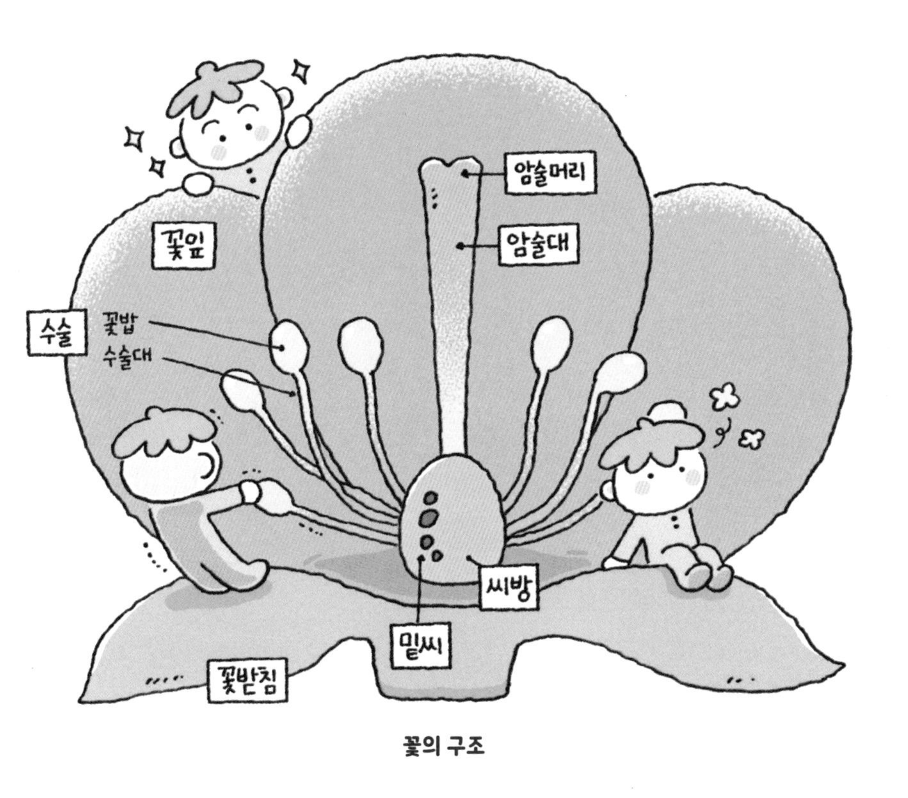

꽃의 구조

을 거예요. 상추는 열매가 아니라 잎을 먹으려고 기르기 때문에, 어느 정도 수확하고 나면 꽃이 피기 전에 상추를 뿌리까지 뽑아 버려요. 곧바로 다음 작물을 심어야 밭을 효율적으로 쓸 수 있으니까요. 그리고 한해살이식물인 상추가 꽃을 피웠다는 건 자손 번식에 모든 힘을 쏟겠다는 선언과 같아요. 그렇게 되면 잎이 질겨지고 쓴맛이 강해져 더는 먹지 않습니다.

상추의 꽃과 씨앗

봄에 기르는 상추는 보통 3~4월 무렵 밭에 씨앗을 직접 심거나 모종을 따로 키워서 옮겨 심어요. 6~7월쯤 날이 더워지면 잎만 나던 상추 줄기에서 꽃눈이 달린 꽃대가 올라옵니다. 꽃대에는 여러 송이의 노란 꽃이 피어요. 상추의 꽃은 언뜻 민들레가 생각나는 예쁜 꽃이랍니다. 전혀 연결되지 않겠지만 상추는 민들레처럼 국화과 식물이에요.

상추의 꽃 안에는 암술과 수술이 함께 있어요. 수술에서 만든 꽃가루가 암술머리로 옮겨 가는 것을 수분이라고 하는데, 식물마다 수분이 이뤄지는 방법은 달라요. 상추는 생김새 특성상 한

꽃 안에서 수분이 잘되기 때문에 바람이나 곤충이 꽃가루를 옮겨 주지 않아도 씨앗이 잘 만들어져요. 상추 씨앗은 매우 작고 가볍습니다. 민들레 씨앗처럼 솜털이 달려 있어서 바람을 타면 멀리까지 퍼져 나갈 수 있지요.

농부는 굶어도 씨앗은 절대 먹지 않는다

한 해의 농사는 씨앗을 심는 일에서 시작해요. 그러려면 식물에서 씨앗을 받아야겠지요? 이를 채종이라고 해요. 인류가 본격적으로 농사를 짓기 시작한 시기는 신석기시대로 약 1만 년 전입니다. 석기시대 이전에 인류는 식물을 채집해 먹었고, 씨앗을 통해 식물이 번식한다는 사실을 경험적으로 알았어요. 열매를 먹으면서 씨앗의 존재를 확인하기도 했고, 채집해서 먹던 것이 씨앗인 경우도 있었지요. 쌀, 보리, 옥수수 같은 곡식 대부분이 씨앗이에요.

야생식물에서 씨앗을 얻고 농사를 짓기까지 수많은 시행착오가 있었어요. 식물마다 씨앗의 특성이 다르니 씨앗을 받는 방법도 달라야 했고, 심고 기르고 거두는 방법과 시기 등 여러 가지를 고려하며 다양한 농사법을 시도해야 했지요. 그 결과 지식과 경험이 쌓이고 다양한 작물이 생겨났어요. 씨앗과 그 씨앗에 관한 지식은 오랜 세월에 걸쳐 얻은 것이기 때문에 농부에게 아주 소중합니다. "농부는 굶는 한이 있어도 씨앗은 먹지 않는다"라는 말이 있을 정도로 농가에서는 씨앗(종자)을 소중히 여겼어요.

꽃이 피면 씨앗은 저절로 받을 수 있다고 생각할 수 있지만, 채종은 말처럼 쉽지 않아요. 상추의 채종 과정을 살펴볼게요. 상추의 씨앗은 작고 가벼워서 조심조심 다뤄야 해요. 그래서 씨앗이 여물기 전에 미리 꽃줄기를 잘라 실내에 거꾸로 매달아 둡니다. 자른 꽃줄기에 남아 있는 영양분도 씨앗을 채우는 데 사용돼요. 씨앗이 여물면 꽃줄기를 통째로 통에 넣고 가볍게 흔들어 주면 솜털이 달린 상추 씨앗을 모을 수 있어요. 이대로 바짝 건조하면 곰팡이나 세균이 번식하는 걸 막을 수 있지요. 서늘하고 건조한 곳에 보관해 뒀다가 때가 되면 심으면 됩니다. 냉장실은 씨앗을 보관하기에 딱 알맞은 장소랍니다. 냉장고가 없던 옛날에는 서늘한 광이나 항아리 안에 씨앗을 보관했어요.

오래전부터 지역마다 집마다 대대로 심고 채종하기를 반복해서 얻은 씨앗을 토종 종자라고 부릅니다. 오랜 세월에 걸쳐 살아남은 개체들의 특성을 물려받았기 때문에 그 지역의 기후와 토양에 잘 적응되어 있고 병충해에도 강해요. 가령 우리나라 토종 벼는 척박하고 비교적 추운 한반도 날씨에서도 잘 견딥니다. 오

히려 따뜻하고 강수량이 충분한 곳에서 키우면 이삭에 달린 채로 싹이 나기도 할 정도이지요.

토종 작물의 특성은 그 지역의 음식 문화와도 영향을 주고받습니다. 우리는 주먹밥을 만들어 먹고, 베트남에서는 쌀국수를 즐겨 먹는 것도 각 지역에서 기르는 쌀 종자가 다르기 때문이에요. 우리나라 사람들이 선호하는 쌀은 길이가 짧고 찰기가 많아요. 반면 동남아시아에서는 길쭉하고 찰기가 적은 쌀을 선호하지요. 동남아시아의 쌀은 찰기가 없는 대신 녹말 함량이 높아 면을 만들기에 좋아요. 이처럼 오랫동안 땅과 기후, 사람과 문화 환경에 길든 것이 바로 토종 종자예요. 농업기술이 발달하고 농산물 시장이 세계화된 오늘날 토종 종자는 어떤 가치를 지니고 있을까요?

밸런스 게임: 유전적 다양성 vs 생산성

씨앗이 농업의 근본이라는 점은 오늘날에도 변함없는 사실입니다. 농업에서 종자는 반도체에 비유될 정도로 중요하답니다. 세계 종자 시장의 규모가 매년 4~5%씩 성장하는 추세라는 점만 봐도 종자의 가치를 짐작할 수 있습니다. 그런데 이제는 토종 종자를 바탕으로 품종을 개량한 종자를 주로 사용해요. 농업기술이 발달하고 경제 규모가 커지면서 생산성과 상품성이 높은 품종을 선호하게 된 것이지요.

오늘날 농민 대부분은 개량 종자나 개량 품종의 모종을 구입해 농사를 짓습니다. 당연히 개량 품종을 경작하는 비율이 높아졌지요. 농촌진흥청에 따르면 전체 벼 생산 면적 중에 토종 벼를 재배하는 면적은 1912년에 97%에 달했는데, 일제강점기에 급격히 줄어 해방 무렵에는 거의 사라져 버렸다고 해요. 씨앗은 심고 거두는 행위를 반복해야만 제대로 보존할 수 있어요. 씨앗의 생명력이 영원하지는 않거든요. 토종 벼에 농부의 손길이 닿지 않는 동안 많은 토종 종자가 사라졌습니다.

토종 종자는 야생의 씨앗보다는 선별되었지만, 유전적 측면에서 봤을 때 개량 종자만큼 선별되지 않았다는 점에서 유전적 다양성이 큽니다. 유전적 다양성이 크면 자연재해나 병충해에 더 잘 적응합니다. 자연재해나 병충해를 입으면 수확량은 줄겠지만, 그 과정에서 더 튼실한 토종 종자를 얻을 수 있습니다. 달리 말하면 토종 종자가 사라진다는 것은 종자의 다양성과 적응력을 잃는다는 뜻이지요.

1970년대에 개발되어 우리나라 쌀 생산량 증대에 크게 기여한 통일벼라는 품종 벼가 있습니다. 동남아 품종과 교배해 이삭

이 많이 달리고, 비바람에 잘 쓰러지지 않는 것이 특징이었지요. 모내기 시기가 빠르고 비료를 많이 줘야 하는 등 기존 농사법을 대대적으로 바꾸어야 하는 점, 찰기가 부족한 밥맛은 단점이었지만, 쌀 생산 증대를 위해 전국적으로 보급되었어요.

그런데 동남아 품종의 유전자를 가진 통일벼는 냉해에 취약했어요. 냉해가 발생하면 속수무책으로 생산성이 감소했지요. 또 어느 순간 도열병에 대한 저항성이 급격히 약해졌어요. 도열병은 벼에 생기는 곰팡이 돌림병이에요. 신품종인 통일벼도 처음에는 도열병에 강했어요. 하지만 도열병에 새로운 변이가 생기는 동안 미처 적응하지 못했어요.

개량 품종은 결국 다양성과 적응력을 포기하고 생산성과 상품성을 선택한 셈이에요. 가족이 먹으려고 텃밭에 적은 양을 경작하는 경우는 큰 상관이 없지만, 오늘날 농업에서는 판매와 유통을 위해 생산성과 상품성을 고려할 수밖에 없어요. 어떤 작물을 선택하느냐가 경제적 이익으로 이어지기 때문에 농민은 토종 종자보다 개량 종자를 선택하게 되지요.

하지만 적응력이 떨어지는 만큼 개량 종자는 사람의 돌봄이 더 필요합니다. 토종 종자보다 농약과 비료를 더 사용해야 하지요. 결국 농민은 종자 회사로부터 개량 종자뿐 아니라 개량 종자에 맞는 농약과 비료도 사야 합니다. 휴대전화 기종과 회사에 따라 연결 기기와 소프트웨어가 정해지는 것처럼요. 개량 종자는 종자 회사가 파는 관련 상품의 시작이에요.

청양고추의 주인은 누구일까

중식에 마라 맛이 있다면 한식에는 청양고추가 있습니다. 한국인의 매운맛을 책임지는 청양고추의 주인은 누구일까요? 청양고추를 재배해서 판매하는 농민은 생산물인 청양고추에 대한 소유권은 있지만, 청양고추 품종에 대한 소유권은 없어요. 매년 품종 주인에게 값을 지불하고 종자를 사야 하지요. 청양고추 품종의 소유권은 누가 가지고 있을까요? 바로 독일 기업 바이엘입니다. 네, 맞아요. 아스피린, 마데카솔 등으로 유명한 독일의 제약회사 바이엘이에요.

청양고추는 우리나라 종자 회사가 개발한 품종이에요. 시험재배한 곳이 주로 청송과 영양 지역이어서 청양고추라고 이름이 붙었어요. 힘들게 개발한 청양고추의 소유권은 지금 독일 기업에 있어요. 국내에서 판매할 수 있는 권리는 팜한농이라는 한국 회사가 갖고 있지만, 바이엘은 품종에 대한 소유권은 비싼 값을 부르며 팔지 않고 있습니다. 팜한농은 결국 바이엘에 종자 가

격을 지불해야 하고, 그 부담은 청양고추를 재배하는 농민이 져야 해요.

어차피 한 번만 종자 값을 치르고 그다음부터 씨앗을 따로 받아 쓰면 된다고 생각하나요? 종자 회사도 나름의 안전장치를 마련해 두고 있습니다. 씨앗이 맺히지 않거나 싹이 나지 않는 씨앗이 열리도록 하는 것이 기술적으로 가능해요. 이런 식으로 직접 얻은 씨앗이 쓸모없다면 새로 살 수밖에 없지요.

설령 농민이 멀쩡한 씨앗을 얻더라도 그 씨앗을 쓰지 않고 매년 새로 살 수밖에 없는 이유가 있습니다. 종자 대부분이 잡종 1세대이기 때문이에요. 순종의 형질을 가진 개체끼리 교배하면 잡종 1세대인 자손에게서 한쪽의 형질이 강하게 나타나요. 이러한 현상을 잡종강세라고 합니다. 문제는 잡종강세는 잡종 1세대에서만 나타나고 잡종 2세대에서는 여러 형질이 뒤섞여서 나타난다는 점이에요.

예를 들어, 새로운 무 품종을 만든다고 해 봅시다. 부계는 수확량은 많은데 병해충에 약한 순종이고, 모계는 수확량은 적은데 병해충에 강한 순종이에요. 둘을 교배해 만들어진 잡종 1세대의 종자는 수확량이 많고 병해충에 강한 형질의 개체로 자라날 수 있어요. 그런데 이 잡종 1세대에서 얻은 씨앗인 잡종 2세대는 원하지 않는 형질이 섞여서 나타나는 것은 물론 수확량이

적고 병해충에도 약한 종자들까지 섞여 있습니다. 그러니 농민은 잡종 2세대 종자를 사지 않겠지요? 종자 회사도 품질을 보장할 수 없으니 팔지 않을 테고요. 종자 회사는 순종의 부모 품종을 유지하면서 잡종 1세대 종자만 판매합니다. 결국 농민은 생산성과 상품성을 안정적으로 기대할 수 있는 잡종 1세대 종자를 계속 구매할 수밖에 없어요.

언뜻 보면 농부는 전문적으로 농사를 짓고, 종자 회사는 품종 개량과 종자 확보를 담당하는 것처럼 보여요. 오늘날 많은 산업이 고도로 분업화되어 있으니 농업도 마찬가지라고 생각할 수 있겠지요. 그런데 농부가 자신이 경작할 작물을 선택할 수 없고 자기만의 종자를 갖고 있지 못해 점차 종자 회사에 종속되고 있어요. 다양한 종자를 소유한 회사는 종자 사용료로 막대한 이익을 취하고 있습니다. 우리나라가 2022년까지 10년 동안 해외에 지불한 종자 사용료는 1조 6,000억 원이 넘어요.

더 큰 문제는 종자 회사가 대부분 거대한 다국적 기업이라는 사실이에요. 종자 시장은 계속 커지고 있는데, 일부 다국적 기업의 독과점도 점점 심해지고 있어요. 세계 종자 시장의 3분의 2를 약 7개 회사가 점유하고 있습니다. 이 거대 기업들은 막강한 자본을 앞세워 여러 나라의 종자 회사를 인수·합병하면서 더 많은 품종에 대한 권리를 갖게 되었어요.

앞서 언급한 청양고추를 개발한 중앙종묘는 1997년 외환 위기 때, 외국 종자 회사에 합병되었어요. 우리나라에서 개발하고 경작하는 품종의 소유권도 외국 종자 회사로 넘어갔고요. 우리나라 종자 자급률은 당연히 감소했어요. 우리나라는 곳간에 씨앗 하나 없이 봄을 맞이하는 농부와 같아요.

토종 종자도 지키고, 개량 종자도 만들어서 생산성과 종자 자급률도 높이려면 어떻게 해야 할까요?

한국 종자 회사가 성장해서 국내 종자 자급률을 높이고 수출을 늘리는 것은 경제성장 측면에서도, 국가가 식량을 안정적으로 확보하는 식량 안보 측면에서도 필요한 일이에요. 국가가 나서서 토종 종자를 확보하는 동시에 새로운 품종 개발을 지원해야 하는 이유입니다. 품종 개량은 다양한 토종 종자가 바탕이 되었을 때 가능해요. 토종 종자가 유전자원을 제공하기 때문입니다.

충분한 유전자원을 확보하려면 토종 종자를 수집하고 보존해야 해요. 종자를 보존하려면 단순히 저장해 두는 것이 아니라 싹을 틔우고 씨앗을 받는 과정을 반복해야 합니다. 환경 변화가 유전자원에 영향을 줘야 하거든요. 또한 토종 종자를 보존하는 것은 생태적으로도 의미가 있습니다. 땅의 특성과 기후에 맞는 작물은 비료나 농약을 덜 써도 개량 품종보다 잘 자라기 때문이에요.

토종 종자를 보호하고 종자에 대한 농민의 권리를 보장하려는 '토종 종자 보호 운동'이 세계 곳곳에서 이뤄지고 있어요. 우

리나라도 마찬가지입니다. 토종씨드림이라는 민간단체가 대표적이에요. 여러 농민 단체와 연합해 토종 종자를 확보하고 보존하고 공유하는 운동을 펼치고 있지요. 또 전국 곳곳에 씨앗도서관을 운영하는데, 이곳에서 씨앗을 무료로 대출할 수 있어요. 베란다 텃밭에서라도 잘 키워 씨앗을 받는 데 성공한다면 새로 얻은 씨앗을 반납하면 됩니다.

국가 차원의 노력은 농업유전자원센터에서 이뤄지고 있어요. 유전자원 확보를 위해 다양한 종자를 수집해 보관하고, 연구나 품종 개량에 이용하도록 제공하고 있어요. 해외로 유출된 유전자원을 돌려받고 있기도 해요. 구한말 미국, 일본 등이 마음대로 가져가서 보관 중인 종자들을 회수하는 것이지요. 또 종자 보존이나 연구 능력이 부족한 국가와 협력해 아열대 혹은 열대작물의 종자도 확보하면서 유전자원 보유량과 다양성을 넓히고 있답니다.

농업유전자원센터에서 수행하는 또 하나의 중요한 일은 유전자원을 다음 세대에 잘 전달하는 거예요. 센터에서는 종자를 중기 저장고와 장기 저장고로 나누어 보관하고 있어요. 중기 저장고는 4℃로 유지되고 있어요. 이곳에서 종자는 싹을 틔울 수 있는 활성을 30년 정도까지 유지할 수 있어요. 중간에 수시로 꺼내어 이용할 수 있는 종자들이지요.

노르웨이 스발바르에 있는 국제종자저장고 시드 볼트. 우리나라 종자도 이곳에 보내 추가로 저장하고 있다.

장기 저장고는 영하 18℃로 온도를 설정해 100년까지도 활성을 유지할 수 있어요. 혹시 모를 만약의 사태에 대비하기 위해서입니다. 큰 전쟁이나 극심한 가뭄, 홍수 같은 자연재해가 일어날 수 있으니까요. 장기 저장고의 종자는 SF영화에서 등장하는 냉동인간인 셈이에요.

종자의 반영구적 보존을 위해 만들어진 국제종자저장고 '시드 볼트(Seed Vault)'도 있어요. 이곳은 말 그대로 종자 금고예요. 각

국은 자신들의 토종 종자를 이곳에 보내 보관을 의뢰해요. 국제 종자저장고는 전 세계에 단 두 곳이 있습니다. 노르웨이 스발바르에는 작물 종자를, 우리나라 경북 봉화에는 야생식물 종자를 보관하고 있답니다.

선사시대 이후로 오늘날까지 인류가 성장하고 존속할 수 있도록 지탱하는 근간은 농업이에요. 종자는 그 농업의 중심에 있어요. 종자를 개량하고 심고 거두고 보존하는 일은 인류와 지구의 미래를 지키는 일입니다. 그런 점에서 종자와 관련된 일들은 우리의 일이 되어야 해요.

3

지렁이가 사는 흙은 좋은 흙!

떼알 흙

○○○○년 4월 ○○일
오늘의 날씨
오늘의 텃밭
내일의 할 일
궁금한 텃밭

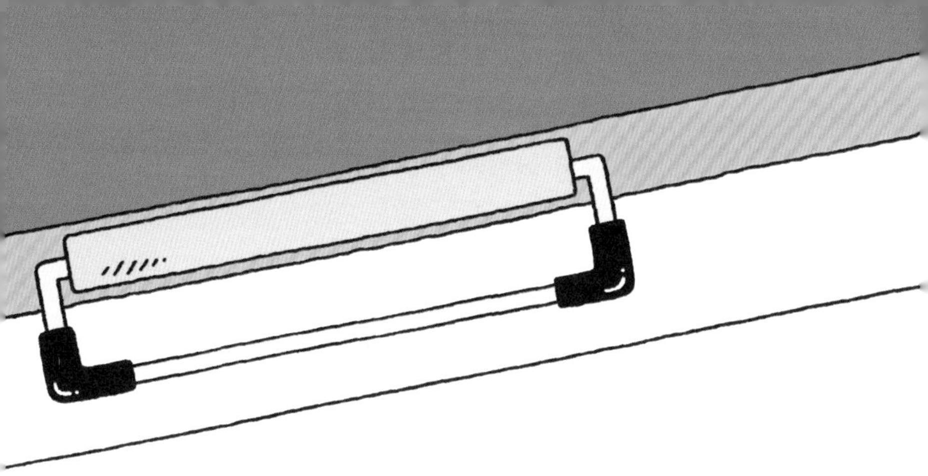

오늘은 선생님이 지렁이를 분양받아 오셨다. 꿈틀거리는 지렁이가 신기하기도 하고, 징그럽기도 해서 우리는 엄청 소리를 질렀다. 상자 텃밭 중에 하나를 지렁이 화분으로 정하고 지렁이를 풀어 주었다.

들깨 씨앗 심기
가지랑 방울토마토 모종 심기

지렁이가 사는 흙과 지렁이가 살지 않는 흙은 무엇이 다를까? 지렁이가 굴을 파 놓으면 그곳으로 물이 더 잘 빠진다는데, 물이 잘 빠지는 게 좋은 걸까?

흙은 어떻게 만들어질까

흙은 지구 전체를 놓고 보면 지표면을 덮고 있는 아주 얇은 껍질에 불과해요. 지구 반지름이 약 6,400km인데, 흙이 쌓여 있는 두께는 평균 1m가 채 되지 않습니다. 물론 두꺼운 곳은 수미터에 이르기도 하지요. 흙에서 생물이 주로 활동하는 부분을 '표토'라고 합니다. 겉흙이라는 뜻이에요. 농사가 이뤄지는 곳도 이 표토층이지요. 표토는 30cm 정도라 인류가 농사에 이용하는 흙의 두께는 지구 반지름의 2,000만분의 1 정도예요.

바윗돌 깨뜨려 돌덩이 / 돌덩이 깨뜨려 돌멩이 / 돌멩이 깨뜨려 자갈돌 / 자갈돌 깨뜨려 모래알 / ……

흙이 어떻게 생겨나는지 잘 알려 주는 동요 〈돌과 물〉의 노랫말이에요. 커다란 바위가 깨지고 또 깨져서 모래알이 되고, 모래알은 더 잘게 부서져 더 작은 흙 알갱이가 돼요. 모래알보다 작은 것을 점토라고 부릅니다. 커다란 바위가 모래나 점토 같은 작은 알갱이로 부서지는 것을 풍화라고 해요. 풍화를 일으키는 원인은 다양해요. 바위는 오랜 세월 바람과 비에 아주 조금씩 깎여 나가기도 하고, 흐르는 물에 깎이고 구르며 깨지기도 하지요. 하

류에 가까울수록 작고 동글동글한 조약돌을 많이 볼 수 있는 것도 풍화 때문이지요.

이처럼 외부의 힘이나 충격에 의한 풍화를 기계적 풍화라고 해요. 바람과 물살뿐 아니라 나무뿌리가 파고들어 바위를 쪼개거나, 바위로 스며든 물이 얼면서 부피가 커지면 바위가 갈라지기도 합니다. 또 지구 내부와 지표면의 압력 차이로 풍화가 일어나기도 하는데요, 지표면에 바위가 노출되면 땅속 깊은 곳에 있을 때보다 바위를 누르는 압력이 상대적으로 낮아지기 때문이에요.

화학적 풍화도 있어요. 암석을 구성하는 광물의 성분이 화학 반응으로 바뀌면서 암석의 강도나 모양이 달라지는 거예요. 예를 들어, 암석 속 철분이 산소를 만나면 갈색 산화철이 되어 잘 부서져요. 또 석회암은 이산화탄소가 녹은 약산성의 지하수에 녹아 깎여 나가거나 석순이나 종유석으로 모양이 변하지요.

풍화로 만들어진 흙 알갱이는 크기에 따라 모래알과 점토로 나눌 수 있습니다. 알갱이 크기에 따라 흙의 성질이 달라지기 때문에 이러한 구분과 기준은 중요해요. 지름이 2mm 이상이면 자갈, 0.02mm 이상이면 모래라고 해요. 가는 모래부터 굵은 모래까지 모래의 크기도 다양하지요. 모래보다도 작은 고운 흙 알갱이는 점토라고 하는데 크기가 0.002mm에도 미치지 못해요. 우리 몸속의 혈액에 흐르는 적혈구의 크기가 0.006~0.008mm인데, 현미경으로 봐야 그 크기를 확인할 수 있지요. 점토는 적혈구보다도 작은 고운 흙이에요.

아주 특별한 지구의 흙

풍화가 일어나는 이유는 지구에 대기와 물이 있기 때문이에요. 화성에서도 풍화가 일어났던 것으로 학자들은 추정합니다. 화성에도 대기와 물이 있었거든요. 풍화 작용만 놓고 보면 지구의 흙과 화성의 흙은 별반 차이가 없다고 생각할 수 있어요. 그런데 지구의 흙은 화성의 흙과는 다른 특별함이 있어요. 바로 생명이 깃들어 있다는 점이에요.

흙이란 암석이 풍화되고 생물의 잔해가 분해되며 생긴 물질을 가리킵니다. 단순히 광물과 암석의 알갱이가 아니라는 뜻이에요. 생물이 존재해야 흙도 만들어질 수 있지요. 이제부터는 화성의 흙을 흙이라고 말하기는 어렵겠어요. 아직은 화성의 흙에서 생명의 존재가 확인되지 않았기 때문입니다.

보통 1cm 두께의 흙이 만들어지는 데 200년이 걸린다고 해요. 우리 주변의 흙은 대부분 우리 나이보다 더 오래된 셈입니

다. 바위가 깨지고 깨져서 흙 알갱이가 되는 동안, 생물이 죽어 남긴 몸은 서서히 분해돼서 흙의 일부가 됩니다. 눈에 보이는 동물, 식물, 버섯, 곰팡이도 있고, 눈에 보이지 않는 세균도 죽으면 흙이 되지요.

생물의 몸을 이루는 물질을 유기물이라고 불러요. 식물의 잎, 나뭇가지, 동물의 사체, 머리카락, 손톱, 각질 등이 모두 유기물이지요. 유기물은 부서지기도 하고 분해되어 다른 유기물이 되거나 무기물로 바뀌어 흙이 됩니다. 여러분의 피부에서 떨어져 나간 각질도 흙이 되지요. 서서히 분해되면서 말이에요.

유기물과 무기물이란 단어가 생소하지요? 유기물은 생물의 몸을 이루거나 에너지원이 될 수 있는 물질을 말합니다. 3대 영양소인 탄수화물, 단백질, 지방이 대표적인 유기물이에요. 우리 몸은 다양한 종류의 단백질로 구성되어 있어요. 근육과 머리카락도 단백질로 이루어져 있지요. 효소나 항체의 성분도 주로 단백질이랍니다. 지방은 흔히 비계라고 하는 지방 조직을 이뤄요.

식물의 유기물은 농산물로 예를 찾아보면 쉬워요. 탄수화물로는 밀가루 같은 곡물 가루에 들어 있는 녹말이 대표적이에요. 식물성 단백질 하면 떠오르는 것으로는 콩이 있지요. 식물성 지방은 포도씨유, 카놀라유, 참기름, 들기름, 콩기름 등 온갖 식용유가 해당돼요.

유기물과 대비되는 무기물은 생물이 섭취해도 에너지를 얻을 수 없는 물질로 생각하면 됩니다. 암석을 이루는 광물은 무기물이에요. 산소(O_2), 이산화탄소(CO_2), 물(H_2O), 칼슘 이온(Ca^{2+}), 나트륨 이온(Na^{2+}), 탄산 이온(CO_3^{2-}) 등은 생명 활동에 중요한 역할을 하지만, 섭취한다고 해도 에너지를 얻을 수는 없는 무기물이에요.

흙을 통해 생명은 돌고 돈다

'사람의 몸은 흙에서 왔다'라는 말을 들어 봤나요? 이 말은 과학적으로 사실일까요? 생물이 죽으면 몸이 분해되면서 흙으로 돌아간다는 것은 쉽게 이해가 됩니다. 그런데 사람의 몸이 흙에서 왔다니요?

사람이 에너지를 얻고 자기 몸을 구성하려면 유기물이 필요해요. 재료가 되는 유기물을 섭취해야 하지요. 결국 다른 생물의 몸을 먹어야 합니다. 인간처럼 유기물을 얻기 위해 다른 생물의 몸을 먹는 생물을 생태학에서 '소비자'라고 불러요.

그러면 생물 중 누군가는 소비자가 섭취할 수 있도록 유기물을 생산해야겠지요? 이들을 '생산자'라고 해요. 식물이 대표적입니다. 보통 흙 속에는 무기물과 유기물이 약 9:1 비율로 섞여

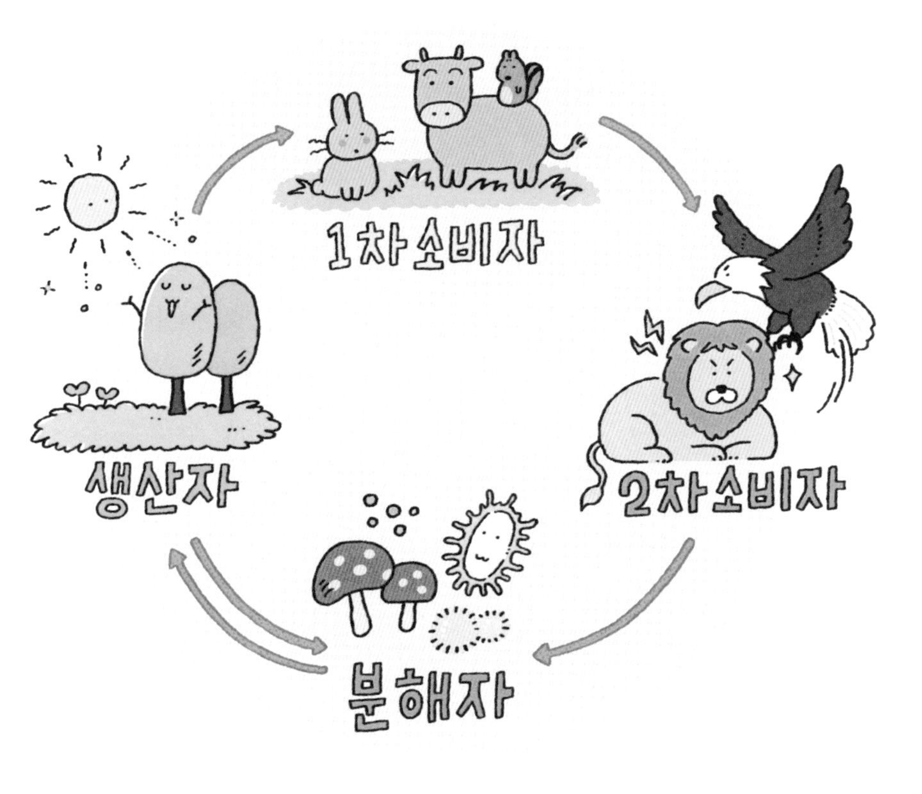

생태계를 이루는 생물적 요소

있어요. 유기물은 천천히 분해되어 무기물이 됩니다. 식물은 이 무기물을 재료로 유기물을 만들어요. 대표적 활동이 우리가 잘 알고 있는 광합성이에요. 물(H_2O)과 이산화탄소(CO_2)를 이용해 포도당($C_6H_{12}O_6$)을 합성하는 과정이지요.

식물의 몸을 이루는 요소로는 포도당이나 녹말 같은 탄수화물뿐만 아니라 지방과 단백질도 있어야 해요. 탄수화물이나 지방을 만들려면 탄소(C), 수소(H), 산소(O)가 필요해요. 단백질은 이 세 가지 외에 질소(N)도 필요하지요. DNA 같은 유전물질을 만들려면 인(P)도 있어야 합니다.

인간이 유기물을 섭취하는 경로는 두 가지입니다. 생산자의 유기물을 직접 취하거나 생산자를 섭취한 또 다른 소비자(동물)를 통해 섭취하는 것이지요. 그렇다면 인간이 섭취하는 유기물의 시작은 결국 생산자가 만든 유기물이에요. 이 유기물의 재료인 무기물이 흙에서 온 것이니, 사람의 몸은 결국 흙에서 온 것이 맞네요!

흙에서 무기물이 무한정 나오는 것은 아니에요. 생산자가 많아지면 흙 속의 무기물은 적어지겠지요. 생산자와 소비자만 있다면 지구에는 유기물만 계속 쌓이고 무기물이 부족해질 거예요. 무기물이 없어 유기물을 더는 생산할 수 없게 될지도 모릅니다. 물론 이런 일은 일어나지 않습니다. 지구에는 분해자도 있으니까요. 분해자는 유기물이 계속 쌓이지 않도록 유기물을 분해합니다.

흙 속에는 분해자가 가득해요. 개체 수로 따지면 세균이 가장 많고, 무게로는 다세포생물인 곰팡이가 더 많아요. 건강한 흙 1g

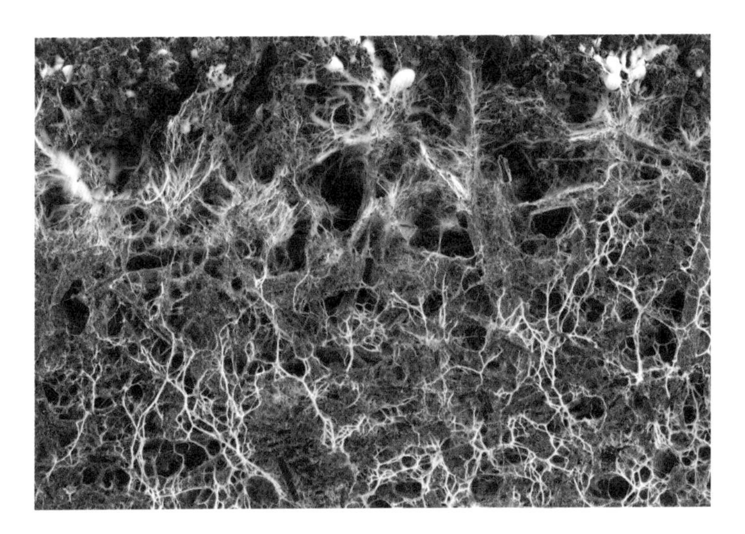

흙 속에 뻗어 있는 균사

에는 세균이 10억 마리나 있다고 해요. 1g이면 찻숟갈로 두 숟갈 정도인데, 그 안에 수십억 미생물이 살고 있는 거예요.

숲이 우거진 곳의 흙 속에는 나무뿌리와 풀뿌리 사이로 가느다란 실이 얽혀 있어요. 운이 좋으면 맨눈으로도 구별할 수 있어요. 이것은 곰팡이 몸을 이루는 균사예요. 균사는 식물의 뿌리와 뿌리를 연결해서 흙 속에서 물질이 이동할 수 있는 통로가 되어 줍니다.

우리가 흙이라고 부르는 것은 풍화를 거친 흙 알갱이가 유기물과 섞이고, 다양한 생물이 서로 도움을 주고받는 복잡한 관계까지 포함된 결과물이에요. 흙이 만들어지는 데 오랜 시간이 걸릴 수밖에 없지요. 그런데 우리나라의 일반적인 농경지에서는 흙이 만들어지는 속도보다 20~100배 빠르게 흙이 씻겨서 사라지고 있다고 합니다. 흙은 파괴되면 다시 회복하기 어려운, 지구에만 있는 소중한 천연자원이에요.

농사짓기 좋은 흙이란?

작물이 잘 자랄 수 있도록 물과 무기물이 충분하면 좋은 흙이라고 할 수 있겠지요? 그런데 충분한 무기물은 좋은 흙의 조건 중 일부입니다. 작물은 물과 무기물을 흡수할 수 있는 건강한 뿌리가 있어야 해요. 그러니 좋은 흙은 식물이 건강하게 뿌리를 내릴 수 있는 조건도 갖춰야 하지요.

흙 속에는 물과 공기도 있습니다. 정확히는 흙 알갱이 사이에 있지요. 흙을 이루는 알갱이들 사이에는 공간이 존재해요. 수박을 쌓으면 수박과 수박 사이에 공간이 생기는 것과 같아요. 큰 알갱이가 많을수록 공간은 커지고, 작은 알갱이가 많을수록 공간은 작아져요. 공간이 클수록 물과 공기가 많이 들어갈 수 있는데, 공간이 크면 물은 알갱이 사이에 머물지 못하고 더 깊은 땅

으로 흘러가서 지하수가 돼요. 모래나 자갈처럼 알갱이가 큰 흙은 물이 잘 빠져요. 반대로 점토처럼 알갱이가 작을수록 물은 잘 빠지지 않고 알갱이 사이 공간에 머물러 있는 경향이 커집니다.

점토 위주의 흙은 물을 머금고 있어서 물이 더 스며들지 못하고 점토 위로 흘러가 버리기도 해요. 흠뻑 젖은 수건이 물을 더는 흡수하지 못하는 것처럼요. 흙 알갱이의 크기에 따라 물을 머금고 있느냐 흘러가 버리느냐가 결정되는데, 이러한 흙의 성질을 고려해서 작물의 종류와 농사짓는 방법을 결정하고 적용해야 해요.

물이 잘 빠지는 흙은 알갱이 사이의 공간이 공기로 채워져요. 공기가 잘 통하는 흙이지요. 식물은 뿌리를 통해 수분과 양분을 흡수한다고 알고 있지요? 이는 반쪽만 맞는 말이에요. 뿌리의 세포도 숨을 쉬어야 하기에 공기가 잘 통해야 해요. 식물의 뿌리가 좋아하는 흙은 공기가 잘 통하면서도 물을 충분히 머금고 있는 흙입니다. 그런 조건이 어떻게 가능할까요?

우리는 이미 흙 속에 유기물도 있고 미생물도 살고 있다는 사실을 알지요. 유기물이 섞여 있는 흙 알갱이는 잘 뭉쳐지는 특징이 있어요. 이렇게 뭉쳐진 흙을 '떼알 흙'이라고 해요. 흙 알갱이들이 떼를 지어 뭉쳐져 하나의 좀 더 큰 알갱이처럼 작용하는 것이지요.

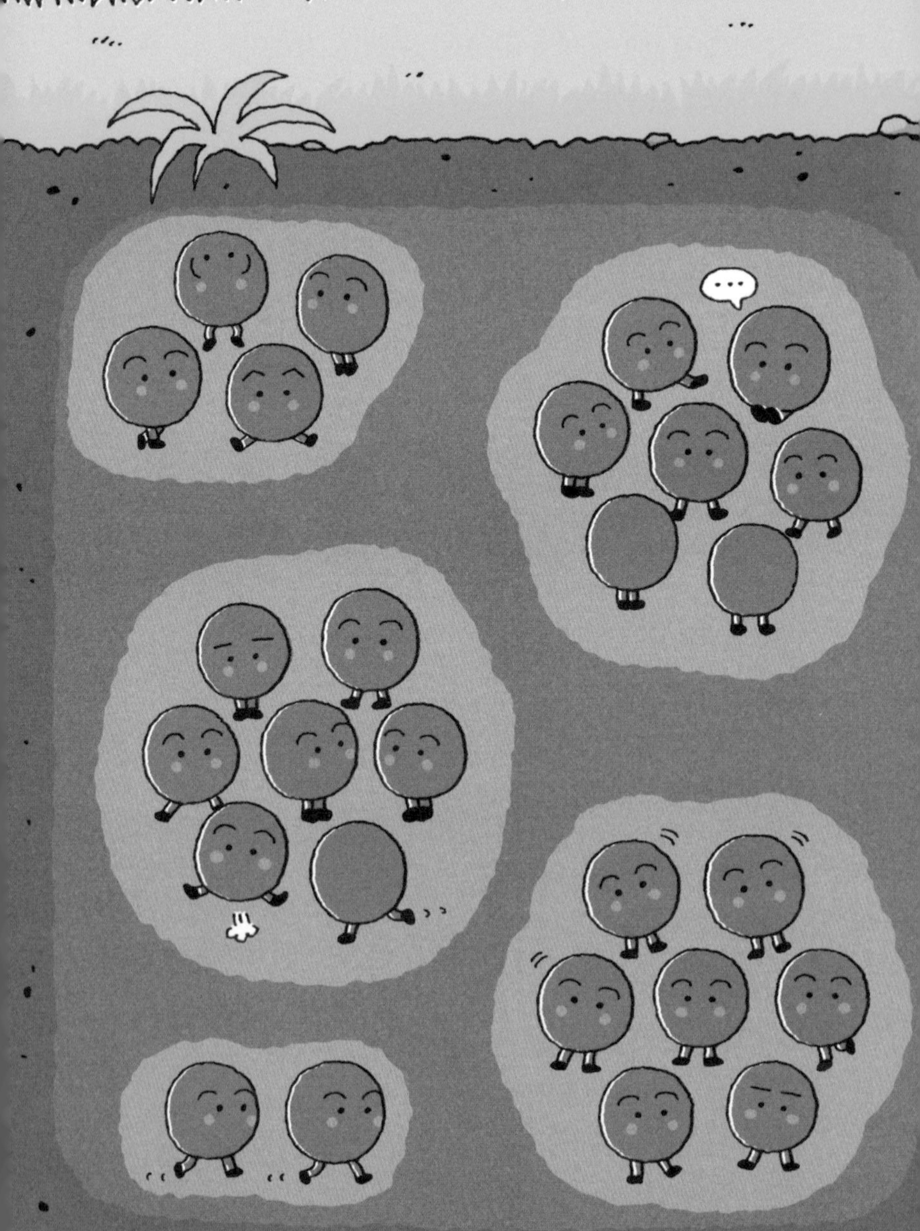

떼알 안을 보면 점토 알갱이 사이의 공간이 작아서 물이 잘 머물러 있습니다. 유기물도 물을 흡수해 머금기 때문에 떼알 흙은 물을 충분히 저장하고 있어요. 그런데 떼알 흙 자체는 큰 알갱이처럼 작용해서 떼알 흙과 떼알 흙 사이로 물이 잘 빠지고 공기가 잘 통해요. 떼알 구조로 뭉친 흙은 뿌리가 좋아하는 이상형인 셈이지요.

떼알 구조에서는 뿌리가 건강하게 뻗어 나갈 수 있고 미생물들도 살기 좋은 상태가 만들어집니다. 건강한 뿌리가 넓게 퍼질수록 작물은 물과 무기물을 효과적으로 흡수할 수 있어요. 뿌리가 흙과 닿은 표면적이 넓어지기 때문이에요.

지렁이가 좋은 흙을 만드는 비결

지렁이는 주로 낙엽이나 식물의 뿌리를 먹어요. 지렁이는 이빨이 없지만, 두꺼운 근육질로 된 모래주머니가 있어서 섭취한 먹이를 잘게 분쇄할 수 있어요. 지렁이는 흙과 먹이를 함께 섭취하는데, 흙 속이나 지렁이의 장에 사는 미생물들이 먹이가 소화되는 것을 도와주지요. 그러니 지렁이가 잘 먹고 잘 살려면 흙 속에 충분한 미생물이 있어야 해요.

지렁이가 섭취한 유기물 중 80% 정도가 덜 소화된 상태로 배출되는데, 이것이 분변토예요. 분변토는 덜 소화된 유기물과 각종 미생물, 미생물이 분비한 효소가 흙 알갱이와 뭉쳐진 것이지요. 분변토가 좋은 흙을 만드는 이유는 떼알 구조이기 때문이에요. 여기에 섞인 덜 소화된 유기물이 각종 미생물의 먹이가 되어 줍니다. 또 지렁이의 분변토는 산성화된 흙의 산도를 낮춰 중성에 가까워지도록 도와줘요.

지렁이는 땅속에 굴을 파서 길을 냅니다. 땅 위로 나와서 먹이를 섭취하고 이것을 땅속으로 운반해요. 땅에서 먹은 흙과 유기물을 땅 위로도 옮겨 놓고요. 지렁이가 다니는 길을 따라 유기물과 흙이 운반되며 골고루 섞이게 된답니다. 농기구로 밭을 갈면 땅속 생태계가 파괴되지만, 지렁이는 생태계를 파괴하지 않고 땅을 갈아 주지요. 지렁이가 파 놓은 길은 공기와 물이 지나다닐 수 있는 통로가 됩니다. 충분한 물과 산소는 식물에게만 필요한 게 아니에요. 흙 속 여러 생물의 번성에도 도움이 됩니다.

어떤가요? 지렁이는 작물이 잘 자랄 수 있는 좋은 흙을 만들고 가꾸는 살림꾼이라고 할 수 있겠지요? 하지만 그것은 농사짓는 사람을 위해서가 아니라, 좋은 흙이 되어야 결국 지렁이가 살기에 좋기 때문일 거예요. 지렁이가 오랜 세월 다른 생물들과 더불어 사는 법을 온몸으로 익힌 결과라고 할 수 있지요. 《종

떼알 흙

의 기원》으로 유명한 생물학자 찰스 다윈도 지렁이에 관해 많은 연구를 했어요. 다윈도 지렁이가 오랜 세월 흙을 가꿔 왔다는 것을 알았답니다.

4

화학비료 좋을까, 나쁠까?

비료

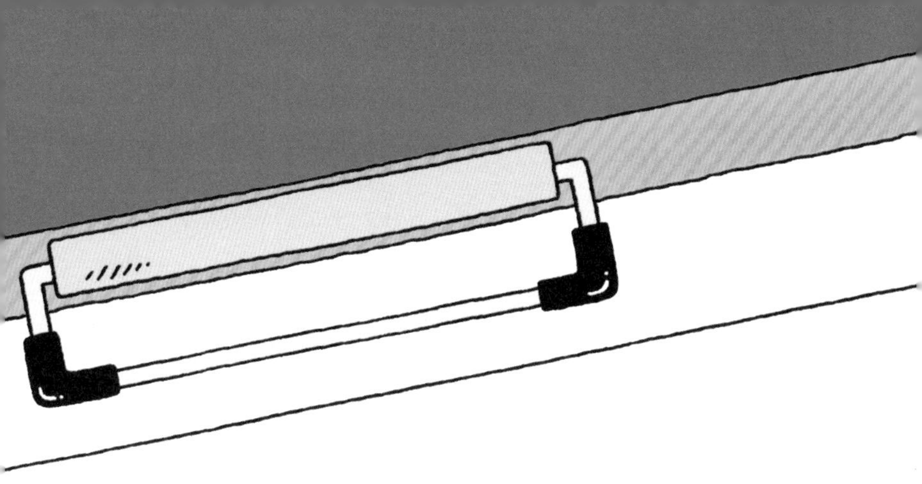

엊그제 갈아 놓은 밭에 퇴비를 줬다. 퇴비에서 냄새가 날 줄 알았는데, 냄새는 별로 없고 촉촉하고 부드러운 게 느낌이 좋았다. 나는 지원이와 짝이 되어 한 사람이 밭에 퇴비를 뿌리면 다른 사람이 흙과 골고루 섞어 주었다.

각자 심고 싶은 작물을 정하고, 어느 정도 면적이 필요할지 계산해 오기

퇴비는 어떻게 만드는지 궁금하다. 또, 퇴비와 화학비료는 무엇이 다를까? 화학비료는 나쁘다고만 여겨졌는데, 막상 왜 나쁜 것인지는 모르고 있었다.

식물이 자라려면 꼭 필요한 양분

식물은 이산화탄소와 물, 흙 속에서 흡수한 무기물을 이용해 유기물을 합성합니다. 유기물을 생산하기 때문에 '생산자'라고 부르지요. 먹이사슬을 생각하면 언뜻 식물이 소비자를 위해 유기물을 생산하는 것처럼 보일 수 있어요. 하지만 식물이 유기물을 만드는 것은 스스로를 위해서지 소비자를 위해서는 아니에요. 자연에서 생산자의 생산물 가운데 소비자가 이용하는 것은 극히 일부예요. 소비자가 많은 것을 가져가는 농작물은 아주 예외적이지요.

식물은 유기물로 잎과 줄기, 뿌리를 만들어요. 세포 하나하나가 살아가는 데 필요한 에너지도 자신이 합성한 유기물에서 얻어요. 식물이 필요로 하는 무기물은 다양한 원소로 구성되어 있습니다. 탄소, 수소, 산소, 질소, 인은 탄수화물이나 단백질, 지방, DNA 같은 유기물을 구성하려면 꼭 흡수해야 해요. 식물이 자라려면 이 원소들 외에도 칼륨(K), 칼슘(Ca), 마그네슘(Mg), 황(S) 등을 포함한 17가지 필수 원소가 있어야 해요. 이 중 8가지는 미량원소예요. 필요하긴 하지만 아주 적은 양이어서 미량(微量)원소라고 불러요.

적은 양이지만 필수적이라는 사실을 과학적으로 증명해야 했

비료

기에 측정 기술이 발달하면서 미량원소 목록도 달라졌어요. 마지막으로 밝혀진 미량원소는 1980년대에 추가된 니켈(Ni)이에요. 건조된 식물 1kg당 최소한 0.5mg의 니켈이 있어야 식물이 잘 성장할 수 있다고 해요. 식물의 무게에서 수분이 70%를 차지한다고 가정하면 약 600만분의 1만큼의 니켈이 필요한 셈이에요. 니켈은 요소(유레아)를 분해하는 효소의 필수 성분이에요. 니켈이 부족하면 요소가 분해되지 않고 식물에 쌓여 잎 끝부분이 노랗게 변해요.

산이나 들에 있는 풀과 나무는 비료를 주지 않아도 잘 살아갑니다. 식물의 필수 원소가 최소한으로 필요한 양만큼은 공급되기 때문이에요. '최소량의 법칙'을 들어 봤나요? 식물의 성장을 결정하는 것은 충분한 양분이 아니라 가장 부족한 양분이라는 것이 '최소량의 법칙'입니다. 식물의 성장을 위해 양분이 풍족할 필요는 없어요. 최소량을 만족시킬 수 있을 만큼이면 충분해요.

양분이 많을수록 좋다고 생각하기 쉽지만, 식물도 사람처럼 균형이 중요하답니다. 사람이 밥을 많이 먹는다고 힘이 나고 건강해지는 것은 아니잖아요. 오히려 체중이 늘어 비만, 당뇨, 고지질혈증 같은 대사성 질환에 걸릴 수 있어요. 식물도 양분이 과다하면 오히려 건강이 나빠져요.

질소를 예로 들어 볼게요. 질소가 부족하면 생장 속도가 느려

농화학의 창시자라 불리는 유스투스 폰 리비히(1803~1873)

집니다. 엽록체를 만들지 못해 잎도 노랗게 변하지요. 반면 질소가 과하면 웃자라서 식물 조직이 엉성해지고 병충해에 약해진답니다. 양분이 부족해도, 과해도 문제예요.

'최소량의 법칙'이 널리 알려진 데에는 독일의 화학자 리비히의 공이 컸어요. 리비히는 유기화학 지식을 바탕으로 식물의 영양소 흡수와 생장을 연구했어요. 그는 식물이 사용한 물질이 흙으로 돌아와야 작물이 잘 자랄 수 있으며, 식물에는 무기 양분이 필요하다고 주장했어요. 질소 비료의 화학 합성을 연구하기도 했지요. 비료를 통해 질소화합물로 된 양분을 공급하면 된다

는 리비히의 아이디어는 훗날 하버-보슈법이라 불리는 암모니아 합성 공법의 개발로 실현되었어요. 암모니아 합성은 질소 비료 개발로 이어져 농산물 생산 증대에 큰 역할을 했어요. 리비히가 '농화학의 창시자'라고 불릴 만하지요?

무기 양분을 만드는 공장, 미생물

'질소' 하면 무엇이 떠오르나요? 맞아요. 과자 봉지 안을 채우는 게 바로 질소이지요. 질소는 과자가 부서지거나 산화되는 것을 막아 줍니다. 질소는 우리가 마시는 공기의 5분의 4를 차지할 만큼 흔해요. 하지만 식물에게 공기 중 질소는 그림의 떡이에요. 식물이 이용할 수 없는 형태이기 때문이지요.

17가지 필수 원소 중 탄소, 수소, 산소를 제외한 14가지 원소는 각각 뿌리가 흡수할 수 있는 저마다의 형태가 있습니다. 식물은 질산 이온(NO_3^-)이나 암모늄 이온(NH_4^+)의 형태로만 질소를 흡수할 수 있어요. 그러니 식물을 위해 누군가가 질산 이온이나 암모늄 이온을 만들어야 하지요. 그 역할을 흙 속의 세균을 포함한 미생물들이 해냅니다.

공기 중의 질소를 암모늄 이온으로 만드는 것을 질소고정이

라고 해요. 질소고정세균이라고 부르는 미생물들이 이 역할을 합니다. 어떤 세균은 힘을 합쳐 흙 속에 있는 암모늄 이온을 질산 이온으로 바꿔요. 또 생물이 죽으면 미생물들이 몸이 분해하면서 암모늄 이온을 포함해 여러 가지 질소화합물을 만듭니다. 그중 일부는 식물이 이용할 수 있는 형태로 존재해요. 즉 흙 속 미생물은 식물이 쓸 수 있는 양분을 만드는 공장인 셈입니다. 흙 속에 사는 미생물이 다양할수록 식물에게 필요한 무기 양분이 골고루 만들어져요.

비료

다만 이 공장이 질소화합물을 만들어 내기까지는 일정한 시간이 걸려요. 처음에 밭을 갈고 농사지을 때는 괜찮았지만, 밭에 농작물을 심고 거두고 또 심고 더 많이 거두면서 이 질소화합물을 써 버리는 속도가 더 빨라졌어요. 계속해서 식량을 공급해야 하는 인간은 자연이 일하는 속도를 기다릴 수가 없었어요. 식물이 이용할 질소화합물을 직접 만들어 흙에 보충할 방법을 열심히 찾았지요.

옛날 사람들도 비료를 줬을까

인류가 농사를 짓기 시작한 때에는 무기 양분을 섞어 줘야 한다는 사실을 알지 못했어요. 19세기 중반에 이르러서야 리비히가 무기 양분설을 주장했으니까요. 그저 흙에 양분을 섞어 주면 농사에 도움이 된다는 점을 경험으로 알았지요.

조선 시대에도 퇴비를 사용한 기록이 있어요. 세종 대에 편찬한 농사책《농사직설》에는 퇴비를 만들어 흙에 섞는 다양한 방법이 나와 있어요. 예를 들어, 외양간에 깔아둔 짚과 풀로 퇴비를 만들 수 있습니다. 짚과 풀에 가축의 분뇨가 섞이고 가축이 이를 밟으면서 유기물의 분해가 시작돼요. 가축의 대변에 섞여 나온 각종 미생물이 오줌, 짚, 풀에 있는 유기물을 분해하는 거예요. 이 짚이나 풀을 따로 모아 쌓아 두고 숙성시켰다가 적정한 시기에 논밭에 섞어 주었다고 합니다.

퇴비는 충분히 숙성시키는 것이 중요해요. 처음 미생물이 발효할 때 발생하는 기체와 열이 식물에 좋지 않기 때문이에요. 발효 뒤에 남은 유기물은 살아남은 미생물이 천천히 분해해요. 흙과 작물에 유익한 미생물이지요. 이 퇴비를 흙에 섞어 주면 흙 속의 유기물 함량이 늘어나요. 그리고 미생물이 유기물을 천천히 무기물로 바꾸지요.

화학비료가 개발되기 전, 남아메리카에서는 거름으로 새똥을 사용했어요. 심지어 새똥 때문에 전쟁이 벌어지기도 했어요. 지금의 페루, 칠레가 있는 남아메리카 서부 해안에는 새들이 많이 살아요. 둥지 주변의 바위에는 오랜 세월 새똥이 쌓이고 쌓였어요. 이곳은 비가 많이 오지 않고 건조한 편이라 똥이 씻겨 나갈 일이 별로 없었어요. 새똥이 쌓이고 딱딱해져 돌처럼 굳는 동안 질소와 인 성분이 농축되었어요. 이것을 구아노라고 불러요. 구아노는 잉카제국의 언어인 케추아어 'wanu'를 스페인어로 옮긴 것으로, 거름이라는 뜻이에요.

남아메리카 사람들은 오래전부터 구아노를 이용해 흙의 질을 개선해 왔어요. 1800년대 중반, 유럽인들은 이 구아노를 퇴비

페루 파라카스 국립 보호 구역의 조류 서식지. 바위를 뒤덮은 새똥이 하얗게 굳어 가고 있다.

대신 사용해 생산량을 늘릴 수 있었어요. 유럽에서 구아노 수요가 급증하자 천연비료를 만드는 원료인 구아노는 중요한 자원이 되었고, 당시 태평양을 면하고 있던 페루, 볼리비아, 칠레는 엄청난 돈을 벌었어요.

결국 이 값비싼 천연자원에 대한 권리를 놓고 정치적 갈등이 일었고, '페루-볼리비아'와 '칠레'가 서로 전쟁을 벌였어요. 바로 '남아메리카 태평양 전쟁(1879~1884년)'이에요. 새똥 때문에 싸웠다고 해서 새똥 전쟁이라고도 하지요. 오늘날 볼리비아가 해안이 없는 내륙 국가가 된 것은 이 전쟁에서 패배해 해안 지역을 잃었기 때문이에요.

화학비료 vs 천연비료

비료란 작물이 무럭무럭 자라도록 흙에 섞어 주는 양분이에요. 비료에는 화학반응을 이용한 화학비료와 자연에서 얻은 재료로 만든 천연비료가 있어요. 주성분에 따라 유기질비료와 무기질비료로 다시 나뉩니다. 즉 재료와 성분에 따라 천연 유기질비료, 천연 무기질비료, 화학 무기질비료로 구분할 수 있어요.

천연 유기질비료는 동식물에서 얻은 유기물을 섞거나 발효시켜서 만들어요. 화학적으로 합성하지 않고 생물에게서 얻은 재료를 이용하기 때문에 천연비료라고 하지요. 앞서 이야기한 구아노나 톱밥, 달걀 껍데기, 나무나 풀을 태운 재 등이 주된 재료입니다.

천연 무기질비료는 자연에서 채취하는 광물로 만들어요. 칼슘이 들어 있는 석회암, 규소가 들어 있는 규조토가 대표적인 천연 무기질비료예요. 오늘날 무기질비료는 대량생산이 가능해서 천연비료보다는 화학비료를 더 많이 사용해요. 그래서 일반적으

로 무기질비료라고 하면 화학비료라고 생각하지요.

화학 무기질비료(이하 화학비료)는 화학반응을 통해 만들어요. 인공적으로 만드는 것이라서 성분의 종류와 양을 정확하게 알 수 있어요. 흡수하기 좋은 형태의 무기 양분을 흙에 섞어 주기 때문에 식물이 빠르게 흡수하고, 효과도 짧은 시간 안에 나타나는 것이 장점이에요.

하지만 단점도 있습니다. 화학비료는 효과가 빠르게 나타나기 때문에 쉽게 의존하게 됩니다. 과도하게 쓰는 경우도 많지요. 화학비료는 쓰면 쓸수록 흙 속 무기물과 유기물의 균형이 깨집니다. 흙의 구조, 양분 보유 능력, 미생물 생태계의 균형 등이 악화되지요. 흙이 작물을 키워 낼 능력이 약해졌다면 보완해 줘야 할 텐데, 계속 농사를 지으려면 화학비료를 쓸 수밖에 없습니다. 이것이 반복되면 화학비료의 효율과 효과도 점점 약해지고, 장기적으로 흙은 농사가 잘되기 어려운 상태가 됩니다.

반대로 천연비료를 사용하면 흙을 건강하게 유지할 수 있고, 좋은 흙에서 작물이 튼튼하게 자랄 수 있어요. 천연 유기질비료는 직접적으로 유기물의 양을 늘리기 때문입니다. 유기물은 서서히 무기물로 바뀌겠지만, 당장 무기물 양을 급격히 늘리지는 않아요. 유기물의 양이 증가하면 떼알 흙처럼 식물과 미생물이 살기 좋은 흙의 구조가 만들어지고 유지됩니다. 그래서 천연 유기질비료는 흙의 성질을 개선한다는 점에서 효과적이지요. 비록 화학비료를 쓸 때보다는 작물이 더 천천히 자라고 생산량이 적을 수 있지만요.

굳이 사람에 비유하자면 천연비료를 사용한 유기농 농산물은 삼시 세끼 균형 있는 식사를 하는 것과 같아요. 특별히 영양분을 신경 쓰지 않아도 영양을 대부분 고르게 섭취할 수 있지요. 한편 무기질비료를 공급하는 것은 특정 성분의 영양제를 보충하는 것과 같아요. 영양제도 적당량을 적절한 때에 먹는 게 효과적이겠지요.

화학비료는 정말 나쁠까

화학비료는 환경에 좋지 않고 우리 몸에도 나쁠 거라는 인식이 있어요. 이러한 부정적 인식은 다소 과장된 측면이 있어요. 왜 그런지 하나씩 함께 살펴봅시다.

화학비료는 식물이 이용하기 좋은 형태로 만든 무기 양분이에요. 자연적으로 만든 무기 양분과 일대일로 비교하면 다른 점이 없어요. 만드는 방법만 다를 뿐 같은 물질이거든요. 화학비료로 키운 농산물과 유기농으로 키운 농산물 사이에 영양 상태를 비

교해 봐도 영양학적 차이는 확인된 바가 없어요. 항산화 기능이 있는 폴리페놀 같은 성분이 유기농 농산물에 높게 나오는 경우가 보고되기는 했지만, 일반적인 영양소 차이는 없다고 합니다.

화학비료로 키운 농산물이 인체에 해롭다는 주장을 뒷받침할 과학적 근거는 아직 부족해요. 화학비료를 본격적으로 써서 농작물을 길러 먹은 지 100여 년이 되었어요. 화학비료가 인체에 해로웠다면 지금까지 쓰이지 않았을 테지요. 아토피 피부염과 같은 증상이 친환경 농산물을 섭취하면서 좋아졌다는 사례를 들어 본 적 있을 거예요. 하지만 과학적으로 정확히 밝혀진 것은 아니어서 화학비료가 질병의 원인이라고 주장할 수는 없습니다.

다만 화학비료를 쓰는 경우에는 대개 농약을 함께 사용해요. 화학비료를 쓰면 농작물은 잘 자라지만 흙 속 유기물, 미생물, 곤충 생태계의 균형이 깨져서 해충이나 세균이 들어와 살 수 있는 여지가 커집니다. 해충이나 세균을 막으려면 억지로 농약을 쓸 수밖에 없어요. 제초제나 살충제의 성분은 농산물을 통해 사람과 흙, 주변 생물에게 전달될 수 있어 우리 몸에 해로운 영향을 끼치지요. 농약을 뿌리는 작업자는 농약을 직접 들이마시거나 피부에 농약이 닿을 수 있기에 피부염이나 호흡기 질환이 생길 수 있습니다. 장기적으로 몸속에 농약이 쌓이기도 하고요.

화학비료가 해양 생태계를 파괴한다는 주장도 있어요. 흙에 화학비료를 섞었을 때 식물이 100% 흡수하는 것은 아니에요. 흙에 남아 있는 무기 양분이 물에 씻겨서 지하수나 하천으로 흘러들고 바다까지 흘러갑니다. 물속에는 조류라는 광합성 미생물이 있어요. 무기 양분의 농도가 높아지면 광합성량이 늘어난 조류가 급격히 증식해 녹조나 적조 현상이 발생해요. 이로 인해 물속 산소가 부족해져서 수중 생물이 폐사하거나 수중 생태계가 파괴될 수 있습니다.

화학비료 때문에 흙이 산성화가 된다는 의견도 있습니다. 작물은 대부분 중성 상태의 흙에서 잘 자라요. 그런데 우리나라 흙은 대부분 화강암에서 만들어졌기 때문에 기본적으로 산성을 띱니다. 농사짓기에 척박한 흙이라는 뜻이지요. 흙이 산성화되는 까닭은 흙의 상태를 잘 관리하지 못하고 끝없이 경작하기 때문이지 화학비료가 그 원인이라고 몰아가는 것은 타당하지 못해요. 화학비료든 천연비료든 흙의 산성화를 막을 수 있도록 적절히 쓰는 것이 중요하지요.

화학비료를 만드는 과정에서 에너지가 많이 사용되고 탄소가 배출되긴 하지만, 화학비료 자체가 환경에 나쁜 것이 아니에요. 과도한 사용이 문제이지요. 당장 화학비료에 대한 의존도를 낮추기는 어려워요. 화학비료에 익숙해진 것은 농민과 소비자뿐만 아닙니다. 지난 100여 년간 작물들도 화학비료 의존도가 매우

높아졌어요. 빨리 그리고 많이 자라는 신품종의 특성은 화학비료 사용이 전제된 것이라 사용량을 줄이면 생장 속도는 물론 수확량이 감소합니다.

우리나라에서 화학비료와 농약을 쓰지 않는 유기농 농지는 전체 농지 면적 대비 2.5% 정도에 불과합니다. 내 밭에서 유기농으로 농사를 지어도 이웃 밭에서 유기농을 하지 않으면, 흙으로 연결되어 있는 이상 유기농이라 인정받기가 어렵지요. 유기농 농산물은 상대적으로 생산성은 낮은데 생산 단가가 높아요. 그래서 유기농을 하면 일반적으로 농가의 소득이 줄어듭니다. 게다가 천연 유기질비료를 만들기 위해 많은 양의 유기물을 공급해야 한다는 것도 유기농의 어려운 점이에요.

흙 속 생태계를 건강하게 유지하고 지속 가능한 농업을 하려면 유기농이 늘어나야 하는데, 이는 농민의 의지와 노력에만 기대어서는 이루기 힘든 일입니다. 유기농으로 농사를 지어도 어느 정도 소득이 보장될 수 있도록 유기농을 지원하는 정책이 필요한 이유입니다. 유기농의 가치를 알아보고 인정하는 소비자의 역할도 중요하겠지요.

5

과일의 제철을 바꾸다

비닐하우스

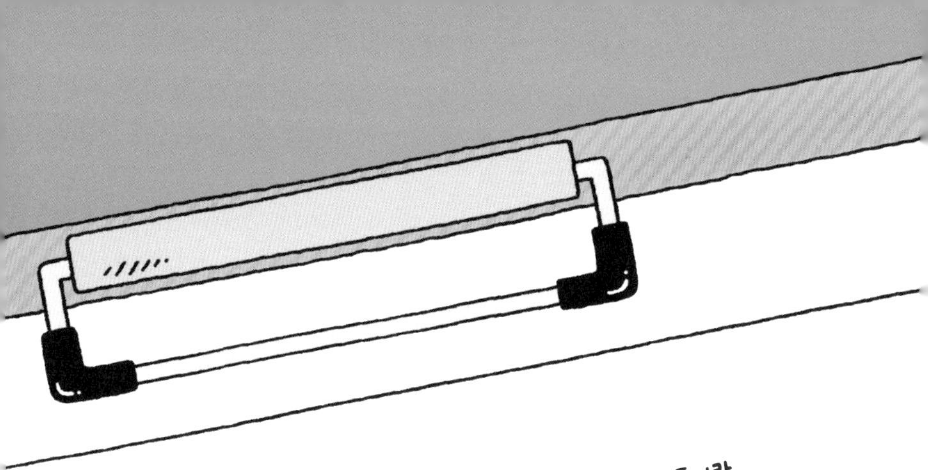

오늘은 어떤 작물을 얼마나 심고 싶은지 선배들이랑 친구들이랑 함께 이야기를 나눴다. 나는 딸기를 심자고 제안했는데, 선배들이 딸기는 키우기 어려워서 작년에도 도전했다가 망했다고 말해 줬다. 동아리 시간 내내 회의한 끝에 상추, 방울토마토, 가지, 들깨, 강낭콩을 심기로 했다!

심기로 결정한 작물의 종류와 양에 맞춰서 밭 구획하기
이랑과 고랑 만들기

텃밭에 딸기를 심으면 이듬해 5월에 수확할 수 있다고 한다. 그런데 5월에 딸기를 먹은 기억은 별로 없고, 오히려 겨울에 많이 먹었던 것 같다. 딸기의 제철은 언제일까?

딸기는 온실에서만 자랄까

한겨울 딸기를 찾아다닌 효자의 이야기를 들어 봤나요? 아들은 병든 어머니를 위해 눈을 헤치며 딸기를 찾아다녔어요. 감동한 하늘은 결국 딸기를 찾게 해 주지요. 옛날이야기 속 딸기는 아마도 산딸기일 가능성이 커요. 요즘 흔히 먹는 품종의 딸기가 우리나라에서 재배된 지는 100년도 안 되었거든요.

한편 산딸기는 우리나라 전역에서 잘 자랍니다. 1~2m 높이의 산딸기나무에 열리는데, 5~6월에 꽃이 피고 7~8월이면 열매가 익어 따 먹을 수 있어요. 요즘에는 재배용 산딸기 품종이 있는 데다 비닐하우스에서 주로 재배하기 때문에 산딸기도 사시사철 먹을 수 있지요. 그나저나 옛날에는 한여름에나 먹을 수 있었던 산딸기를 한겨울에 효자가 구했다니, 정말 하늘이 감동했던 것일까요?

우리나라에는 사실 겨울딸기도 있어요. 산딸기는 대부분 여름에 열매가 익지만, 겨울딸기는 8~9월에 꽃이 피고 12~1월에 열매를 맺어요. 겨울딸기는 심한 추위 속에서는 꽃을 피우고 열매를 맺을 수가 없답니다. 그래서 상대적으로 덜 추운 제주도나 남해안에 주로 서식해요. 겨울 산에서 딸기를 찾은 효자의 이야기는 아마도 남쪽 지방의 이야기일 것 같네요.

비닐하우스

딸기는 산딸기보다 열매가 크고 단맛이 더 많아요. 우리에게 익숙한 딸기는 1750년대에 유럽에서 만들어진 품종입니다. 북아메리카와 남아메리카의 딸기가 각각 유럽으로 넘어와 재배되면서 교배된 품종이지요. 대항해시대, 바다를 건넌 각 대륙의 딸기들 사이에서 만들어진 이민 2세대인 셈이네요. 이렇게 탄생한 딸기가 세계로 퍼지며 새로운 품종으로 개량되었습니다.

딸기는 처음부터 온실에서 재배되지는 않았어요. 딸기 품종이 만들어졌을 당시 유럽에도 온실은 있었어요. 하지만 주로 유리온실이었고 귀족들이 수집한 관상용 식물을 소장하고 자랑하기 위함이었으니 농사를 위한 온실은 없었다고 봐야 해요. 딸기는 노지에서 재배했고 우리나라에서도 마찬가지였지요. 노지는 야외의 환경에 노출된 땅을 말해요.

우리나라에서 딸기가 처음 재배된 곳은 밀양입니다. 1943년에 일본에서 모종 열 포기를 가져와 시험 재배한 것이 최초라고 알려져 있어요. 시험 재배를 시작한 밀양 삼랑진은 오늘날 '1943 딸기 마을'로 불리며 딸기 체험으로도 유명합니다. 처음에 딸기는 산딸기와 구분해 '서양 딸기'라고 불렀어요. 딸기가 우리나라에서 본격적으로 재배된 것은 1960년대에 들어서예요. 이때는 아직 비닐하우스가 널리 보급되기 전이라 노지에서 재배했어요.

딸기의 제철은 언제일까

노지에서 재배하는 딸기는 3~4월에 모종을 심은 후, 이듬해 5~6월에 수확할 수 있어요. 늦봄이 제철인 셈이지요. 딸기는 무더운 여름도 너무 추운 겨울도 싫어해요. 15~20℃ 정도에서 잘 자랍니다. 봄가을이 딱 좋지만, 우리나라는 사계절이 있으니 딸기는 여름과 겨울을 잘 버텨야 해요.

딸기는 봄부터 여름까지 무럭무럭 자랍니다. 사람이 사춘기 전까지 빠르게 성장하는 것과 같아요. 무더운 여름을 잘 버텨서 가을을 맞이하면 딸기에게 사춘기가 찾아옵니다. 사람은 사춘기에 제2차 성징이 나타나지요. 식물은 꽃눈이 생겨요. 식물은 달력은 없지만, 온도가 낮아지고 낮의 길이가 짧아진 것으로 가을이 온 것을 알아챕니다. 그리고 줄기 끝에 꽃눈을 만들어요.

꽃눈은 자라면 꽃이 되는데요, 딸기는 바로 꽃을 피우지 않아요. 곧 추운 겨울이기 때문이에요. 만약 겨울에 꽃을 피운다면 수분을 하고 열매를 맺기는 어렵겠지요? 그랬다면 우리가 즐기는 딸기는 세상에 존재하지 않았을 거예요. 꽃눈은 자라기를 멈추고 겨울잠을 잔 뒤, 이듬해 봄이 되면 비로소 꽃을 피워요. 늦봄의 딸기는 여름과 겨울을 버텨낸 인내의 열매라고 할 수 있지요.

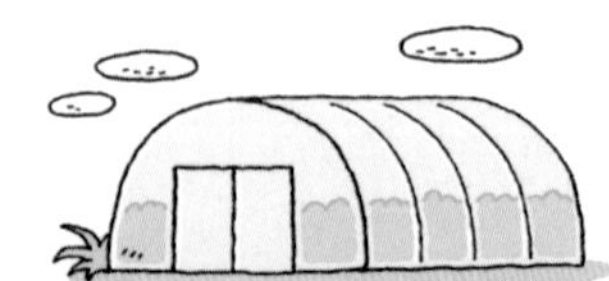

비닐하우스

딸기의 꽃눈과 꽃

그런데 어쩌다가 딸기의 제철이 늦봄에서 겨울로 바뀌었을까요? 비닐하우스 재배가 그 열쇠이긴 한데, 이상하지 않나요? 비닐하우스에서는 사계절 구분 없이 딸기를 수확할 수 있을 텐데, 왜 하필 겨울일까요?

비닐하우스가 제철을 바꾸는 비법

먼저 비닐하우스가 무엇인지부터 알아야 해요. 비닐하우스는 말 그대로 비닐로 만든 집입니다. 비닐 한 장 차이로 하우스 안과 밖은 다른 세상이 됩니다. 온도를 포함한 환경조건이 달라지기에 노지에서 시도할 수 없는 작물을 재배할 수 있다는 장점이 있지요. 유리로 온실을 만들 수도 있지만, 이보다 비용이 덜 들고 설치가 편리한 비닐하우스가 널리 사용되고 있어요.

비닐을 통과해서 들어온 햇빛은 하우스 안의 공기를 데웁니다. 열은 온도가 높은 곳에서 낮은 곳으로 이동하는데, 비닐은 열의 이동을 어느 정도 막아 줘요. 결국 햇빛이 가진 열에너지가 하우스 안에 갇히게 되고 하우스 내부의 온도는 외부보다 높아져요. 환기하지 않으면 여름에는 50~60℃, 겨울에는 30~40℃까지 올라가지요. 온도가 너무 높은 것도 문제라 환기하거나 물을 뿌려 온도를 낮춥니다.

해가 지고 난 뒤에는 온도가 다시 낮아지기 때문에 일정 온도 이상을 유지해야 한다면 보온이나 난방 시설도 필요합니다. 특히 열대나 아열대 작물은 너무 추우면 자라지 않거나 죽어 버리기 때문에 버틸 수 있는 한계 온도 이상으로 내부 온도를 유지해야 해요.

보온을 위해서 작은 비닐 터널을 만들고 천으로 덮어 줍니다. 이불을 덮는 것처럼요. 난방은 기름이나 전기를 이용한 열풍기를 주로 사용해요. 이렇게 난방하려면 상당한 비용이 들기 때문에 겨울이 추운 지역에서 열대작물을 재배하기란 쉽지 않습니

비닐하우스

봄인가 봐!

다. 비닐하우스가 있다고 해서 모든 작물을 사시사철 재배할 수 있는 것은 아니에요.

어쨌든 비닐하우스는 실외보다 더 높은 온도를 유지해 줍니다. 태양에너지를 효율적으로 이용해서 계절 구분 없이, 실외 날씨의 제약을 받지 않고 작물을 재배할 수 있어요. 이러한 비닐하우스의 특성을 작물의 특성에 맞춘 것이 하우스 딸기입니다.

딸기 모종을 8월에 심고, 온도와 낮의 길이를 잘 맞추면 노지보다 더 빠른 시기에 꽃눈이 생겨나요. 10월 즈음 온도가 떨어지고 낮의 길이가 짧아지기 시작하면 꽃눈은 겨울잠을 준비하겠지요? 이때 휴면에 들어가지 않도록 보온을 하고 하우스에 조명을 켜 낮의 길이가 짧아진 것을 알아채지 못하도록 하면 딸기는 꽃을 피워요. 그리고 열매가 익으면 12~1월 무렵에 수확할 수 있어요. 하우스 덕분에 딸기가 버텨야 할 여름과 겨울을 건너뛴 것인데, 농부는 딸기를 키우는 시간이 짧아지니 이익이 되지요.

겨울은 온도가 낮아서 열매가 익는 데 시간이 더 걸려요. 하지만 천천히 익는 만큼 열매가 크고 당도가 높습니다. 또 우리나라 겨울은 일조량이 좋아서 딸기의 당도를 높여요. 이처럼 겨울에 수확하는 딸기는 재배 기간도 짧고 상품성도 좋으니 하우스 딸기의 제철은 겨울일 수밖에요.

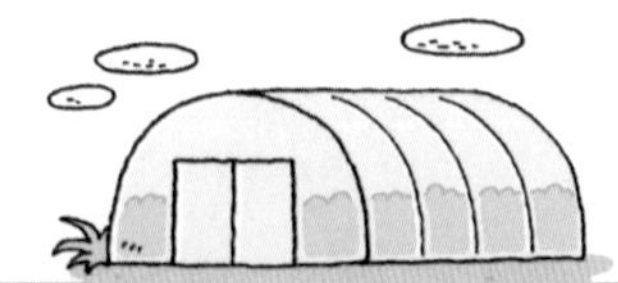

비닐하우스

비닐하우스가 만능은 아니다

비닐하우스를 잘 이용하려면 비닐하우스의 약점을 잘 알아야겠지요? 우선 온실효과로 온도가 지나치게 올라가지 않도록 신경을 써야 해요. 사우나처럼 더운 곳에 들어가면 사람도 숨을 쉬기가 어렵잖아요. 식물도 온도가 너무 높은 곳에서는 정상적으로 자랄 수가 없어요. 앞서 잠깐 언급했지만, 비닐하우스 온도가 너무 높아지지 않도록 하려면 별도의 장치가 필요해요.

먼저 들어오는 햇빛의 양을 줄이는 방법입니다. 창문에 커튼을 치는 것처럼 차광막을 설치해 빛의 양을 조절하는 것이지요. 또 다른 방법은 환기 통로를 만드는 것입니다. 보통 비닐하우스 옆면에 창문을 내서 내부의 덥고 습한 공기가 밖으로 빠져나갈 수 있도록 합니다. 하우스의 지붕에도 창문을 만들면 더운 공기가 더 잘 빠져나가지만, 이 또한 비용이 들고 하우스의 내구성에도 영향을 주니 잘 결정해야 해요.

하우스 내부는 외부와 격리되어 있어서 비바람이나 눈, 서리 등 날씨 변화나 기후의 영향으로부터 작물을 보호할 수 있고 농약을 효율적으로 사용할 수 있어요. 그러나 장점이 동시에 단점이 될 수도 있지요. 비닐하우스 내부에 병해충이 한번 유입되면 금방 퍼집니다. 또 환기가 잘되지 않는 것도 단점입니다. 광합성이 활발할수록 작물은 잘 자라고 열매도 잘 맺어요. 광합성의 재료인 이산화탄소 농도가 높을수록 광합성은 활발하게 일어나지요. 그런데 환기가 되지 않는 환경에서는 식물이 광합성을 하면 할수록 이산화탄소 농도가 낮아져 결국 작물의 성장과 열매 맺음에 해가 됩니다.

하우스에서 일하다가 열사병에 걸린 이주 노동자 이야기를 들은 적 있나요? 실외와 온도 차이가 크고 습도도 90%까지 올라가는 하우스 내부는 사람이 일하기에 너무 열악한 환경입니다. '하우스병'이라는 질병이 있을 정도이지요. 주요 증상은 어지러움과 두통, 근육통, 탈수증, 면역력 약화, 호흡 곤란 등이에요. 환기를 충분히 하는 것은 작물을 위해서도 일하는 사람을 위해서도 아주 중요합니다.

또한 비닐하우스는 에너지 소모가 많아요. 태양의 열에너지를 이용해 농사를 짓는 것은 에너지 사용 면에서 매우 친환경적이에요. 게다가 공짜이지요. 그런데 하우스 내부 환경을 원하는 조건으로 유지하려면 추가적인 에너지가 필요합니다. 온도 조절을 위한 냉난방, 물을 효율적으로 주기 위한 관수, 적절한 통풍과 공기 순환을 위한 환기, 낮의 길이를 조절하기 위한 조명 등은 모두 기름이나 전기에너지를 써야 하지요. 비용도 문제지만, 탄소가 배출된다는 점에서 친환경적이라고는 할 수가 없겠네요.

비닐하우스

새로운 비닐하우스를 소개합니다

조선 시대에도 온실이 있었다는 사실을 알고 있나요? 조선 초에 펴낸 《산가요록》에는 온실에 관한 내용이 상세히 기록되어 있어요. 황토벽으로 삼면을 막고, 남쪽 면에는 한지를 붙인 살창을 달아 채광과 통풍을 조절했어요. 솥에서 나온 수증기로 습도도 조절했다고 해요. 온돌 위에 흙을 깔아 봄나물을 재배해 궁궐에서는 겨울에도 봄나물을 먹을 수 있었지요. 사람을 위해 난방하기도 어려운 시절이었으니, 봄나물을 키우려고 난방을 하고 수증기를 내는 것은 당시에는 왕이 아니라면 엄청난 부자만이 누릴 수 있었겠지요?

당대의 기술과 더불어 온실이 발달해 왔듯이, 비닐하우스도 다양한 형태로 발전했습니다. 먼저 좀 더 친환경적 농사를 지을 수 있는 사례를 살펴볼까요? 바로 흙벽을 이용한 비닐하우스에요. 북쪽을 접한 면에 두꺼운 흙벽을 쌓고, 하우스 내부 지면을 실제 지면보다 30cm 정도 낮게 파고, 남쪽을 향해 경사진 지붕을 단 이 비닐하우스는 겨울에도 난방 없이 중·저온성 작물을 재배할 수 있다고 해요. 낮 동안 흙벽에 열이 저장되고, 흙벽이 단열 효과도 있기 때문이에요. 얇은 비닐은 낮에 햇빛이 통과하기에는 좋지만, 단열 효과는 낮아요. 반면 흙벽 비닐하우스는 빛을 받을 부분만 비닐로 하고 나머지는 흙벽을 쌓았기 때문에 보온 효과가 크지요.

열에너지를 저장하는 '축열(蓄熱)'에 흙벽 대신 물을 이용하는 방법도 있어요. 물은 흙보다 비열이 커서 천천히 데워지고 천천히 식기 때문에 더 오랫동안 열을 품을 수가 있거든요. 폭 20~30cm 정도의 긴 물주머니를 작물 주변에 설치하고 덮어 주면 밤새 온도가 2~3℃ 더 높게 유지된다고 하네요.

지하수를 이용하는 방법도 있어요. 지하수를 끌어올려 비닐하우스 표면에 수막을 형성한다고 하여 수막재배기술이라고 불러요. 비닐하우스를 이중으로 만들고 두 비닐하우스 사이에 지하수를 뿌립니다. 안쪽 비닐하우스 지붕에는 뿌려진 물로 막이 형성되고, 하우스 내부의 공기 대신 막을 이루는 지하수가 열을 빼앗기면서 하우스 내부의 기온은 서서히 떨어지게 됩니다. 지하수는 계절에 상관없이 15℃ 안팎으로 온도가 유지되기에 밤새 온도가 떨어지지 않도록 하는 데 활용할 수 있어요. 지하수를 많이 사용한다는 염려가 제기되었는데, 지하수를 재활용하는 기술 덕분에 이러한 단점도 다소 해소되었어요.

지하수 대신 지열을 이용하는 방법도 있습니다. 지하 25m 정도 깊이에서는 온도가 1년 내내 일정하게 유지되는데요, 이 지열을 이용해 하우스 내부의 기온을 유지하는 거예요.

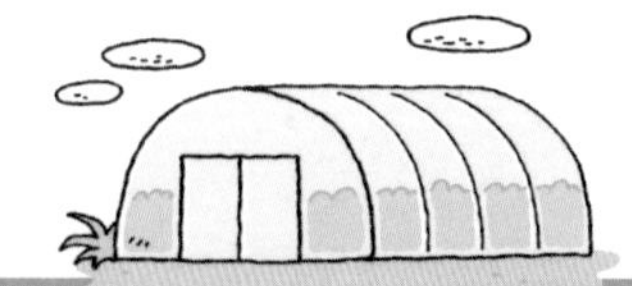

비닐하우스

최근에는 뼈대가 없는 에어하우스도 등장했습니다. 비닐하우스 내부를 공기로 채우기 때문에 뼈대가 필요 없어요. 뼈대가 없는 만큼 채광이 좋고, 하우스 내부 압력을 잘 조절하면 어느 정도 온도 조절도 가능하며 강풍에도 잘 견딘다고 해요. 하우스를 공기로 채워야 하니 계속해서 공기가 순환하고, 공기는 필터를 거치기 때문에 세균이나 곰팡이에 의한 병충해를 예방할 수 있어요. 공기의 순환으로 환기와 이산화탄소 농도 조절도 자연스럽게 이루어지지요. 그래서인지 에어하우스에서는 일반 비닐하우스보다 작물의 성장 속도가 더 빠르다고 해요. 스마트팜 시설만큼 비용이 들지 않고 일반 비닐하우스보다 장점이 많아 주목받고 있어요.

사시사철 작물을 기를 수 있게 된 비닐하우스의 등장은 '백색혁명'이라고 불리기도 해요. 재배 시설의 발전은 이제 디지털 기술에 힘입어 스마트팜으로 나아가고 있어요. 재배 기술의 발전과 식량 증산은 인류에게 중요한 문제입니다. 게다가 기후 위기를 고려하면 더욱 중대한 부분이지요. 그러나 잠깐 멈춰서서 생각해 볼 문제이기도 해요. 비닐은 플라스틱이에요. 또 비닐하우스 농사는 에너지를 사용합니다. 탄소를 배출하고, 미세 플라스틱과 폐기물을 만드는 비닐하우스를 우리는 어떻게 생각해야 할까요?

6

반려동물 말고 반려 농부

오리

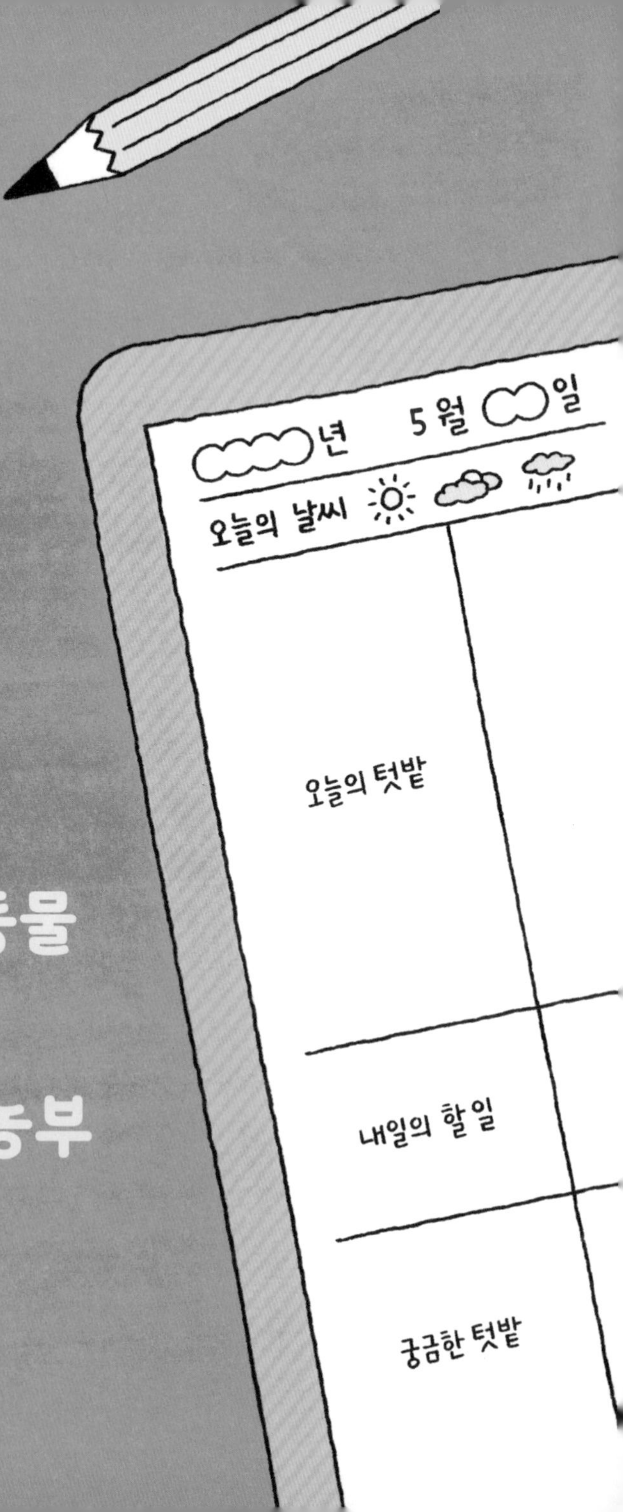

○○○○년 5월 ○○일
오늘의 날씨
오늘의 텃밭
내일의 할 일
궁금한 텃밭

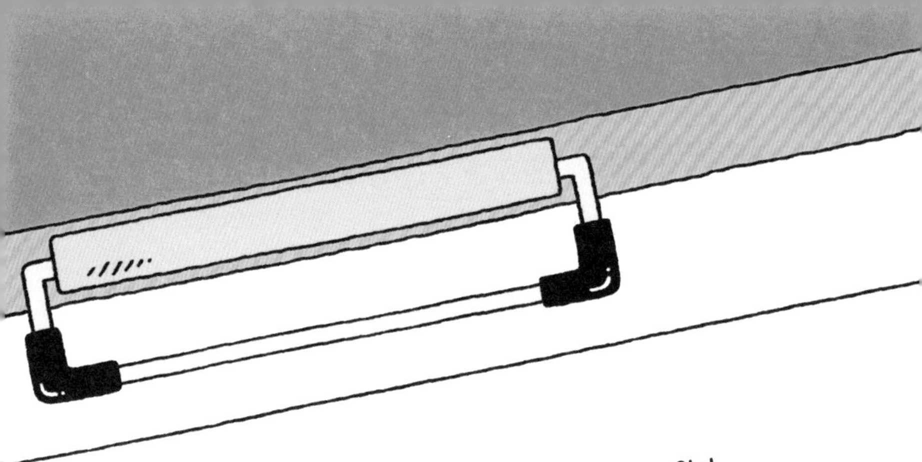

날이 꽤 따뜻해졌다. 나뭇잎들도 푸릇푸릇해졌다. 오늘도 지원이
랑 점심시간에 밭에 가 봤다. 상추 모종을 심을 때만 하더라도
잡초가 없었는데, 상추도 잘 자라지만 여기저기 잡초도 자라고
있었다. 그래서 지원이와 잡초를 열심히 뽑아 주었다. 어쩔 수
없는 일인데, 잡초 뽑는 건 좀 귀찮다.

들깨 싹 나는지 확인하기, 싹이 안 나면 추가로 씨앗 심기

편하면서도 자연 친화적인 제초 방법은 결국 사람의 손뿐일까?
땅에 양분이 충분해서 식물들이 나눠 쓸 수 있다면 잡초를 제거
할 필요가 없는 것 아닐까?

벼농사의 발달을 이끈 잡초와의 싸움

한국인은 밥심! 밥, 죽, 떡 등 쌀을 빼고 우리 음식을 이야기할 순 없지요. 이 쌀을 기르는 벼농사는 우리나라에서 매우 중요한 농사입니다. 그런 만큼 다양한 농사법이 개발되고 시도되어 왔어요.

벼는 습한 환경에서 잘 자라요. 물을 채운 논에서 벼를 키우는 것도 그래서이지요. 벼농사에는 조선 후기부터 이앙법이 널리 쓰였어요. 볍씨를 다른 곳에 심어 싹을 키운 뒤에 논에 옮겨 심는 방법입니다. 이렇게 키운 어린 벼를 '모', 미리 물을 댄 논에 모를 옮겨 심는 것을 모내기라고 하지요. 옮겨 심은 모가 뿌리를 튼튼히 내리는 게 수확량과 직접 연결되기 때문에 충분히 따뜻해진 5~6월에 모내기를 합니다. 이앙법이 생겨나기 전에는 논에 직접 볍씨를 심는 직파법을 썼어요. 이앙법이 직파법보다 장점이 있으니 널리 퍼졌겠지요? 그 장점은 바로 잡초와 관련이 있습니다.

논에는 당연히 온갖 풀이 자라납니다. 작물 외의 풀들을 우리는 잡초라고 부르지요. 잡초라니, 풀에도 감정이 있다면 잡초가 기분이 나쁘겠네요. 벼와 잡초는 양분과 물을 놓고 서로 경쟁합니다. 잡초가 많이 자랄수록 벼가 덜 자라고, 쌀의 수확량이 줄

어요. 잡초는 병해충보다 수확량에 더 큰 피해를 줍니다. 농약을 뿌리지 않는다면 병해충으로 인한 수확량 감소는 10% 정도인데, 잡초로 인한 수확량 감소는 50%에 달하거든요. 그러니 잡초를 제거하는 제초 과정은 충분한 양의 벼를 수확하려면 매우 중요합니다.

이앙법은 직파법보다 잡초가 적게 나서 제초 과정에 노동력이 적게 들어요. 직파법을 하면 벼가 싹이 날 때, 잡초들도 함께 싹을 틔워 자라게 돼요. 벼가 경쟁에서 밀려서 잡초가 더 많아지지요. 반면 이앙법은 모가 이미 키가 큰 상태로 옮겨 심기 때문에 모내기 이후에 자라는 잡초들이 경쟁에서 지게 됩니다. 게다가 모는 규칙적인 간격으로 심어서 벼들 사이에 잡초가 자라기 어려워요.

이앙법을 한다고 해서 잡초가 전혀 없는 것은 아니에요. 직파법보다 잡초가 적게 자라는 것일 뿐, 잡초는 여전히 많아요. 따라서 농부는 잡초를 뽑는 김매기를 쌀 수확 전까지 2~3주에 한 번씩 해야 하지요. 논바닥은 질퍽하고 미끄러워 발이 자꾸 빠지고, 벼 잎에 피부가 쓸리기도 해요. 허리를 굽힌 채 벼 사이에 있는 잡초를 찾아내 뽑는 일은 정말 고단하고 힘들어요. 그래서 혼자 하기보다는 여러 사람이 노동요를 부르며 서로 돕습니다. 농촌 마을 공동체가 끈끈할 수밖에 없는 이유이지요.

과학기술이 발달하며 잡초를 해결할 방법이 등장했는데, 바로 농약입니다. 농약에는 해충을 죽이는 살충제와 병균을 죽이는 살균제 그리고 식물을 죽이는 제초제가 있어요. 제초제를 사용하면 잡초를 줄일 수 있고, 더 편하게 벼농사를 지을 수가 있어요. 벼농사는 가뭄과 홍수, 병해충 모두 문제이지만, 가장 큰 일은 잡초와의 싸움이에요.

잡초를 줄이기 위해 모내기 전에 한 번 뿌리고, 모내기 이후에도 제초제를 종종 사용합니다. 그런데 제초제가 벼에는 해를 끼치면 안 되겠지요? 제초제라고 모든 식물에 효력이 있는 것은 아니에요. 벼에는 해를 끼치지 않도록 선택적 반응을 하는 제초제가 사용됩니다.

식물은 종마다 특이한 효소를 가지고 있어요. 예를 들어 벼에만 있는 어떤 효소는 제초제 성분을 독성이 없도록 바꿔 버려요. 반대로 잡초가 가진 효소 때문에 독성을 띠는 제초제도 있어요. 물리적 성질을 이용한 제초제도 있습니다. 제초제는 흙 속으로 침투하지 않고 흙 표면을 얇게 덮어요. 그러면 이미 뿌리를 깊이 내린 벼는 제초제의 영향을 덜 받지만, 이제 막 뿌리를 내리는 잡초는 자라지 못하고 죽게 됩니다.

제초제를 사용하는 시기도 매우 중요해요. 잡초가 자라고 퍼지기 전에 사용해야 하거든요. 잡초는 벼와 달리 야생식물이에요. 유전적인 다양성이 크지요. 제초제에 내성이 있는 잡초가 생겨날 가능성을 줄이려면 잡초의 개체 수가 조금이라도 적거나 잡초가 조금이라도 어릴 때 사용해야 해요.

내성을 가진 잡초는 얼마든지 생겨날 수 있습니다. 그러니 제초제를 사용할수록 우리는 더 많이, 더 높은 농도의 제초제를 사용해야 해요. 마치 항생제를 남용하면 항생제에 내성을 가진 슈퍼 세균이 생겨나는 것처럼, 제초제에 내성을 지닌 슈퍼 잡초가 실제로 많이 생겨났어요. 제초제를 사용할수록 제초제를 더 많이 써야 하고, 새로운 제초제를 개발해야 하는 굴레에 갇히게 되지요. 이 굴레에서 벗어날 방법은 무엇일까요?

벼농사를 돕는 오리 농부

오리 농법이 우리나라에서 처음 시도된 것은 1996년이에요. 충청남도 홍성이었지요. 이곳은 지역 전체가 유기농인 것으로 유명해요. 홍성군은 2014년 전국 최초 유기농업특구로 지정되었지요. 1970년대는 벼 생산량을 늘리고자 농약과 비료를 쓰는 농사법이 널리 이뤄지는 시기였어요. 유기농업이나 친환경 농업이라는 개념이 없던 시절부터 홍성에서는 비료와 농약을 사용하지 않고 농사를 지었어요. 그러니 잡초에 대한 고민은 얼마나 많았을까요? 그 고민과 노력 끝에 시도된 것이 오리 농법이에요.

오리 농법을 하는 논 옆에는 오리의 집이 있습니다. 아침에 문을 열어 주면 오리들이 논으로 출근해요. 해가 지기 전에 오리들이 다시 집으로 퇴근하면 문을 잠가요. 족제비 같은 들짐승이 오리를 공격하고 잡아먹을 수 있으니 튼튼한 집이 필요해요.

오리는 낮 동안 논을 부지런히 돌아다니며 먹이 활동을 해요. 오리는 식성이 엄청 좋아요. 어린 잡초와 벌레를 잡아먹느라 바쁘답니다. 그러니 잡초가 자랄 새가 없고, 해충 피해도 줄일 수 있어요. 오리는 물갈퀴가 있는 발로 헤엄을 치기도 하고 땅을 짚기도 하면서 벼 사이로 다녀요. 논의 물은 오리 때문에 흙탕물이 되어서 맑을 새가 없어요. 흙탕물은 햇빛이 통과하기가 어렵지요. 논바닥에서 이제 막 싹을 틔우는 어린 잡초들은 광합성량이 적어서 제대로 자라기가 힘들어집니다.

오리는 부지런히 다니며 벼를 건드려요. 부리로 벼 줄기에 붙은 벌레를 잡아먹으면서 줄기를 툭툭 치기도 해요. 벼 줄기는 오리가 주는 자극 때문에 더 튼튼하게 자라게 돼요. 오리 때문에 벼가 쓰러질까 봐 걱정할 필요는 없어요. 보통 우리가 흔히 알고

꽤액
냥
꽤액

있는 집오리는 몸집이 커서 오리 농법에는 적합하지 않아요. 청둥오리와 집오리를 교배한 종은 몸집이 작아서 벼 사이를 헤집고 다녀도 벼를 쓰러뜨리지 않아요.

또 오리의 똥은 논에 거름이 돼요. 새는 수시로 변을 배출해요. 비행하려면 최대한 몸을 가볍게 만들어야 유리하니까요. 주변에서 새똥을 본 적이 있지요? 새똥은 묽은데, 소변과 대변이 한 곳으로 함께 나오거든요. 오리는 논을 헤엄쳐 다니면서 수시로 묽은 변을 배출하는데, 묽은 변은 물속에서 금세 풀어지고 물속 생물들이 빠르게 분해합니다. 따로 퇴비로 만드는 과정이 필요 없지요. 그래서 한 논에 오리를 몇 마리 키우느냐가 중요해요. 거름이 너무 많아도 좋지 않아서지요. 보통은 10평(33m²)에 한 마리로 계산하는데, 논의 크기나 거름의 정도 등 여러 조건을 따져 정하면 됩니다.

오리는 어린잎이나 줄기를 좋아해서 이미 커 버린 모는 먹지 않아요. 부드러운 어린 잡초가 먹이인 셈이지요. 다만 오리는 벼의 이삭도 좋아해서 이삭이 열릴 무렵부터 수확할 때까지는 오리를 논에 풀지 않아요. 수확한 뒤에 논에 물을 대고 오리를 풀어 놓으면 오리들이 논에서 놀며 논바닥을 평평하게 만들어요. 논바닥이 평평해야 수심이 고르게 되어 이듬해 잡초 관리에 유리해요. 오리는 쉴 틈 없이 일하는 농사꾼이에요.

지금은 오리 농법을 하는 곳이 많이 줄었습니다. 조류독감 때문이에요. 조류독감은 주로 새들 사이에 전염돼요. 야생 조류에게는 큰 피해가 없지만 가축으로 키우는 새들에게는 피해가 크답니다. 오리 농법을 하면 논마다 오리들이 무리 지어 있어서 조류독감이 빠르게 전파될 수 있어요. 또 조류독감이 발생하면 주변 10km 이내에서 키우는 오리는 조류독감에 걸리지 않아도 모두 살처분해야 했어요. 조류독감의 유행으로 오리 농법이 위축되면서 오리 농법을 하던 농가들은 그 대안으로 우렁이 농법을 택했어요.

우렁이 농법은 왕우렁이로 잡초를 없애는 방법이에요. 왕우렁이는 남미가 원산지예요. 1980년대 초 식용으로 들여와 양식이 이뤄졌어요. 왕우렁이가 물속에 살면서 다양한 식물을 왕성하게 먹어 치운다는 점을 이용해 1992년 유기농 벼농사 방법으로 도입되었어요. 원리는 간단해요. 모내기하고 열흘 정도 지나 모가 튼튼하게 뿌리를 내리면 어린 왕우렁이를 논에 넣어 줍니다. 왕우렁이는 벼를 수확할 때까지 자라나는 잡초를 먹으면서 살아가지요. 제초 효과는 98%나 된다고 해요. 오리는 사료도 적절히 줘야 하고 아침저녁으로 오리 집의 문을 여닫아 줘야 하는

데 반해 우렁이는 비용과 일손이 비교적 적게 들지요.

그런데 우렁이를 많이 넣으면 문제가 생깁니다. 왕우렁이는 먹이가 부족하면 모까지 먹기 때문이에요. 왕우렁이의 왕성한 식욕 때문에 환경부에서는 왕우렁이를 생태계 교란 생물로 지정하려고도 했어요. 그리고 최근에는 기후변화로 겨울이 따뜻해지면서 문제가 심각해지고 있습니다. 원래 열대성 연체동물인 왕우렁이는 수확 후 겨울이 되면 논에서 죽어 흙으로 돌아갑니다. 봄이 되면 새로 어린 왕우렁이를 논에 넣어 주었지요. 그런데 겨울 기온이 높아져 왕우렁이가 죽지 않고 겨울을 나게 되자 이들의 개체 수가 엄청 늘어났어요. 왕우렁이는 번식력이 왕성하거든요. 그러자 겨우내 굶주린 왕우렁이가 막 모내기를 마친 모를 갉아먹기 시작했어요. 작년의 농사꾼이 올해는 도둑이 된 셈이에요.

이 때문에 수확을 마친 후 왕우렁이에 대한 관리가 중요해졌어요. 수확 후 논의 물을 빼 버리면 왕우렁이는 습한 곳으로 이동합니다. 한쪽에만 물을 두면 왕우렁이도 이곳으로 모여 관리할 수 있지요.

메기를 이용한 농법도 있어요. 논에서 메기를 키우는 거예요. 메기가 논에서 헤엄쳐 다니며 흙탕물을 일으키면 어린 잡초가 자라기가 어려워 잡초가 줄어들어요. 또 메기는 해충을 잡아먹

기도 한답니다. 메기 농법을 하려면 메기를 배려한 공간을 마련해야 해요. 논은 메기가 살기에는 수심이 얕거든요. 논 한쪽에 1m 정도 깊이의 웅덩이를 만들어 주면 메기가 수시로 웅덩이와 논을 드나들며 먹이 활동을 할 수 있어요. 메기 농법은 벼농사 외에도 메기 양식의 효과를 가져다줍니다. 유기농 논에서 키운 친환경 메기가 농가의 부수입이 될 수 있지요.

자연의 원리를 이용한 농사법

생물과 생물, 생물과 비생물의 관계를 이용한 농사는 논에서만 이뤄지지 않습니다. 제주의 한 감귤농장에서는 오리를 풀어 놓아 키워요. 유기농 감귤농장이라 제초제를 뿌릴 수 없어 어려움을 겪던 중에 오리 농법을 응용한 것이지요. 오리들이 쉴새 없이 풀들을 없애 주고 거름을 준다고 해요.

나주에는 배밭에 닭을 방목하는 농장도 있습니다. 유기농 배밭에서 닭들이 활보하며 풀을 뜯고 흙을 쪼아 나오는 벌레를 잡아먹어요. 흙 목욕을 하며 건강하게 살아가는 닭들이 낳은 유정란이 농장의 주요 소득원이에요.

자연의 원리를 이용하는 것으로 유명한 미국의 폴리페이스

폴리페이스 농장에서 사용하는 에그모빌. 트랙터에 연결해 옮길 수 있다.

(Polyface) 농장도 만나 볼까요? 이 농장은 소를 방목해요. 그러려면 소들이 풀을 뜯을 수 있는 넓은 목초지가 필요하고 농민은 이 목초지를 관리해야 하는데, 이 일을 닭들이 도와줍니다. 이 농장에서는 목초지를 여러 구역으로 나누고, 소들이 매일 구역을 이동하며 지내도록 합니다.

소들은 종일 풀을 뜯기 때문에 풀이 무릎 높이까지 자란 곳도 금세 잔디깎이로 밀어 버린 것처럼 짧아져요. 소들은 풀을 되새김질해 덜 소화된 풀을 똥으로 배출해요. 소들이 다음 목초지로

이동하면 짧아진 풀밭에는 소똥들이 여기저기 쌓여 있게 되지요. 그러면 에그모빌이라고 부르는 이동형 닭장을 소들이 있던 곳으로 가져옵니다. 닭들은 날이 밝으면 풀밭으로 나와요. 그리고 소똥을 발로 헤집고 다니며 흩어 버립니다. 소똥 속의 애벌레를 먹기 위해서지요. 결과적으로 닭은 소똥이 빨리 분해될 수 있도록 돕습니다. 소들이 다른 목초지 구역을 돌고 이곳에 도착할 때는 풀들이 다시 무릎 높이까지 자라 있어요.

텃밭에 닭을 키워 보면 어떨까 생각하고 있나요? 그동안 농업에서 생산량과 농토 효율성을 극대화하기 위해 비료와 농약, 농기계를 적극적으로 사용해 왔습니다. 그러면서 한편으로 생물과 생물, 생물과 비생물의 관계 속에서 찾아낼 수 있는 많은 지혜를 놓쳐 온 것도 사실이에요. 작물 수확만 우선시하는 것과 작물을 키우고 수확하는 동안 영향을 주고받는 다양한 존재들과의 관계를 눈여겨보는 것. 둘 중에 어떤 것이 이 시대에 필요한 관점일까요? 농지를 야생으로 되돌릴 수는 없지만, 다양한 생물의 관계에 기초해 과학적으로 접근한다면 생태 친화적인 농지를 만들 수 있어요.

7

밭갈이도 수확도 뚝딱

농기계

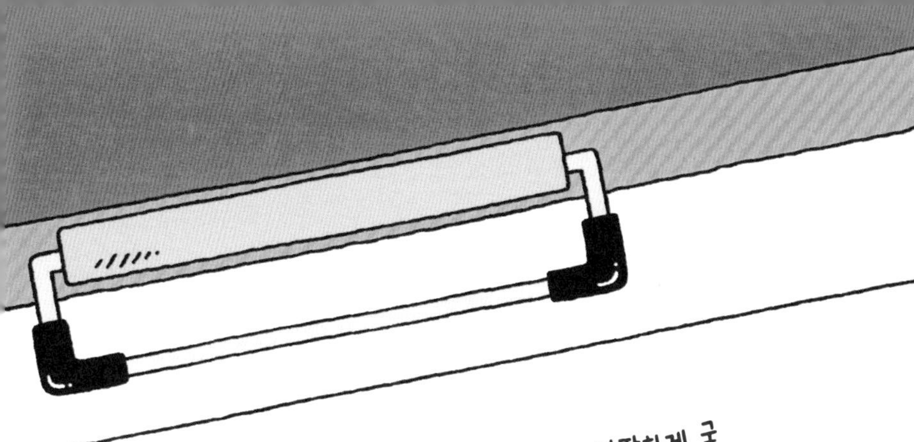

오늘은 호미와 삽으로 밭을 갈았다. 겨울 동안 흙이 딱딱하게 굳어서 부드럽게 해 줘야 식물의 뿌리가 잘 뻗어 나가고 숨쉬기가 좋다고 선생님이 말씀하셨다. 선생님이 깊이가 20~25cm 되도록 흙을 파서 뒤엎어야 한다고 하셔서 열심히 팠는데, 진짜 힘들고 손바닥이 얼얼했다. 내일 아침에 허리랑 팔이랑 온몸이 쑤실 것 같다. T.T

밭에 거름 주기

조그만 텃밭이라도 편하게 밭을 갈 수 있는 기계는 없을까 궁금했다. 우리 학교 밭은 30평 정도 된다는데, 더 넓은 밭을 일구는 농부들은 밭을 갈 때 어떤 도구나 장비를 사용할까?

농부의 오랜 동료, 소

약 1만 년 전 시작된 농사는 수확물을 많이 얻고, 사람의 일손을 되도록 줄이는 방향으로 발전해 왔어요. 신석기 시대에도 농업용 기구가 있었지요. 처음엔 끝이 뾰족한 나무 막대기로 여러 일을 했지만, 점차 필요에 따라 다양한 도구를 만들었어요. 땅을 파거나 갈고 뒤엎는 데 사용하는 돌보습, 이삭을 따는 반달돌칼, 곡물을 빻는 갈돌과 갈판 등이었지요. 도구를 써도 결국 동력은 사람에게서 나왔고 농사를 지으려면 많은 사람이 모여 살아야 했어요.

소를 농사에 이용한 것은 언제부터였을까요? 소가 가축이 된 것은 농사를 시작한 시기와 비슷하지만, 소를 이용해 쟁기질을 시작한 시점은 5,000여 년 전으로 보고 있어요. 메소포타미아, 이집트 등의 유적이나 유물에서 쟁기질의 흔적이 발견되었지요. 소를 가축화한 이유는 유순하고 고기를 많이 얻을 수 있어서이기도 하지만, 사람보다 힘이 세 많은 양의 일을 할 수 있었기 때문입니다.

큰 덩치를 보건대 소가 사람보다 힘이 센 건 당연하겠지요? 1시간 동안 사람은 밭 10평을, 소는 밭 300평을 갈 수 있어요. 사람은 교실 반 칸을, 소는 교실 15칸을 가는 셈입니다. 지구력까

지 고려하면 작업량은 더 차이가 나요. 작업량만 차이가 날까요? 작업의 질도 달라요. 소의 쟁기질은 더 깊이 흙을 갈아엎을 수 있거든요.

소는 농사일에 더해 짐을 옮기고 연자방아를 돌려 곡식을 빻는 일도 했어요. 아직 기계가 없던 시절, 동력을 제공해 여러 사람 몫을 해냈지요. 특히 우리나라처럼 산지가 많은 지형에서는 비탈진 밭이나 농로를 다닐 수 있는 소는 농사일에 빠질 수 없는 동물이었습니다. 농가에서는 소를 장만하거나 소가 없으면 소를 빌려서 농사를 지었어요. 소를 농사에 이용하면서부터 소는 함부로 잡아먹을 수 없는, 땅이나 집 다음으로 소중한 재산이었습니다.

소를 농사에 이용하면서 사람이 하는 농사일은 줄었지만, 소를 돌보고 부리는 일이 새롭게 사람의 몫이 되었어요. 아무리 튼튼한 소라도 종일, 1년 내내 일할 수는 없으니, 소를 건강한 상태로 유지하는 게 중요했습니다. 소를 관리하는 것은 농기구와 달리 품이 많이 들었어요. 단순히 소를 돌보는 일뿐 아니라 밭일을 잘할 수 있는 소를 고르고 훈련하고 소를 모는 일까지 기술적 지식이 필요했지요. 똑같이 소를 부리더라도 어느 소를 쓰느냐, 누가 소를 모느냐에 따라 작업의 능률과 수준에 차이가 났어요.

소 대신 기계로

오늘날에는 소 대신 다양한 기계를 사용해 농사지어요. 소를 농사에 이용하는 모습은 이제 거의 볼 수 없다 보니 두 마리 소로 밭을 가는 겨리질이 무형문화재로 지정되기도 했답니다.

가장 널리 쓰이는 농기계는 트랙터예요. 트랙터는 무언가를 끌 수 있는 차량을 가리킵니다. 농업용 트랙터는 어떤 기계를 연결하느냐에 따라 다양한 작업을 할 수 있어요. 트랙터는 소보다 더 많은 일을 할 수 있습니다. 중형 트랙터의 출력이 40~60마력 정도인데, 50마력 트랙터의 경우 소의 100배 가까이 됩니다.

1마력은 증기기관이 할 수 있는 일의 능력(출력)을 표시하고자 만든 단위예요. 단어 그대로 말 한 마리가 낼 수 있는 출력입니다. 출력은 힘이나 에너지가 아닌 일률로, 1초에 하는 일의 양을 뜻해요. 1마력은 75kg짜리 물체를 1초에 1m 끌어올릴 수 있는 수준입니다. 일반적인 중형 자동차의 엔진이 200마력 안팎이에요. 자동차는 먼 거리를 빠르게 이동해야 하는 반면 트랙터는 짧은 거리에서 천천히 많은 일을 해야 해서 출력에 차이가 있어요.

농업용 트랙터는 19세기에 서구에서 이미 사용되기 시작했어요. 1870년대에 증기기관으로 움직이는 농업용 트랙터가 영국과 미국을 중심으로 보급되었어요. 산업혁명은 농업혁명이기도

트랙터에는 다양한 작업기를 연결해 사용할 수 있다.

했지요. 내연기관이 발달하면서 가솔린이나 디젤 엔진 트랙터가 만들어졌고, 1920년대 이후에는 내연기관 트랙터가 대세가 되었어요.

우리나라에는 트랙터보다 경운기가 먼저 도입되었어요. 1970년대는 한창 쌀 생산을 늘리려 노력하던 때였어요. 이때까지도 농촌에서는 소가 논밭을 가는 것이 흔한 풍경이었어요. 생산성도 높여야 했고, 급격한 산업화로 농촌 인구가 줄어들고 있었기 때문에 정부는 농업 기계화를 적극적으로 추진했습니다. 제1차 농업 기계화 5개년 계획(1972~1977)을 통해 경운기와 이앙기 보급을 지원했어요. 요즘 친환경 자동차를 늘리고자 정부에서 전기차 보조금을 주는 것처럼요.

경운기는 바퀴가 두 개 달린 소형 트랙터예요. 1시간 동안 밭 3,000평 정도를 갈 수 있습니다. 농민들은 소가 끄는 쟁기 대신 경운기로 논밭을 갈거나 땅을 편평하게 했어요. 소를 이용한 쟁기질은 소몰이 기술이 중요하지만 경운기는 조작법만 익히면 누구나 몰 수 있어요. 조작만 정확히 한다면 비슷한 수준의 작업을 쉽게 수행할 수 있지요. 또 소를 돌보는 것만큼 많은 일손을 들일 필요가 없어요. 적절히 관리하고 정비하며, 먹이 대신 연료를 잘 채워 주면 되었지요. 이어서 모를 심는 기계인 이앙기도 도입되었어요. 사람의 손으로 하면 1시간에 200평 정도 모를 심을 수 있는데, 이앙기로는 1시간 동안 1,000평 정도 모내기가 가능했습니다.

논농사에서 기계화는 빠르게 진행되었어요. 쌀 생산 증가가 농업 기계화의 주된 목적이기도 했지만, 논농사가 기계화하기에 유리한 점들이 있었어요. 우리나라의 논은 대부분 평야 지대에 있습니다. 논에 물을 대야 하기 때문이지요. 그리고 논은 비교적 넓어 농기계가 접근하기 쉬워요. 경운기에 이어 이앙기, 벼를 수확하는 콤바인이 보급되며 논농사는 거의 100% 기계화가 되었어요.

반면 밭농사는 논농사보다 기계화 속도가 더뎌요. 밭농사 기

계화율은 2025년 기준 70%에 못 미칩니다. 가장 큰 이유는 작물의 가짓수가 많아서지요. 논농사는 벼라는 한 종류의 작물을 키우기 때문에 벼에 맞춰 농기계와 농사법을 개발하고 적용할 수 있어요. 기계화하려면 이처럼 표준화된 농사법이 마련되어야 하는데, 다양한 작물을 동시에 표준화하고 그에 맞는 농기계를 보급하기는 어렵습니다.

감자, 양파, 상추, 고추 등을 수확하는 방법만 비교해 봐도 같은 농기계를 쓸 수 없다는 건 확실해요. 감자는 땅속에서 캐야 하고, 양파는 흙 표면 가까이에 있어서 뽑아야 해요. 상추는 잎을 한 장씩 뜯어내야 하지요. 고추는 하나하나 따야 하고요. 사람의 손은 작물에 맞게 일을 하지만 농기계는 그럴 수는 없지요. 실제로 밭농사 가운데 수확하는 일이 기계화된 비율은 약 42%로 낮습니다. 씨를 뿌리고 모종을 심는 일은 20%에 채 못 미치고요.

우리나라 밭이 주로 산지에 있다는 특성도 기계화를 막는 요인입니다. 산이나 비탈에 있는 밭은 농기계가 접근하기 어렵고 비탈진 밭에서는 농기계가 뒤집힐 위험도 커요. 또 만만찮은 가격도 기계화를 더디게 하는 요소예요. 중형 트랙터 1대 값이 4,000만~5,000만 원이거든요. 흙을 가는 쟁기, 바닥을 고르는 로더, 비료를 뿌리는 살포기 같은 작업 기구를 함께 사면 추가 비용이 2,000만~3,000만 원을 훌쩍 넘어요.

밭농사를 기계화하는 데 어려움이 많지만, 정부와 지방자치단체(이하 지자체)에서는 기계화율을 높이기 위해 노력하고 있습니다. 농촌의 인구 감소와 고령화로 인한 농업 노동력 감소가 심각하기 때문입니다. 2023년 기준 농가 인구는 총인구의 4%인 약 200만 명으로, 1970년에 농가 인구가 1,400만 명에 달했던 것을 생각하면 크게 줄었지요. 1970년에는 농가 인구가 총인구 대비 46%가 넘었어요. 또 2023년 기준 농가 인구 중 65세 이상의 인구가 절반을 넘어섰습니다. 게다가 경지 면적까지 줄고 있어요. 1970년대 대비 논 면적은 약 35%, 밭 면적은 약 21% 감소했어요. 농사지을 땅도 노동력도 감소하고 있으니 이에 대한 대응책이 필요합니다.

정부와 지자체는 밭농사를 위한 농기계를 개발하고 그에 맞는 표준 농사법도 고안해 함께 보급하고 있습니다. 연구·개발한 농기계와 농업기술은 특정 지역에 시범적으로 보급해 적용해 본 뒤(실증 작업), 그 결과에 따라 경제성을 평가하고 홍보합니다.

그간 기계화가 어렵다고 이야기되어 온 마늘과 양파를 수확하는 기계도 이렇게 만들어졌어요. 기계화한 마늘 수확은 두 단계를 거쳐요. 먼저 마늘 줄기를 잘라내는 기계가 지나가면, 그다

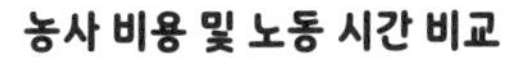

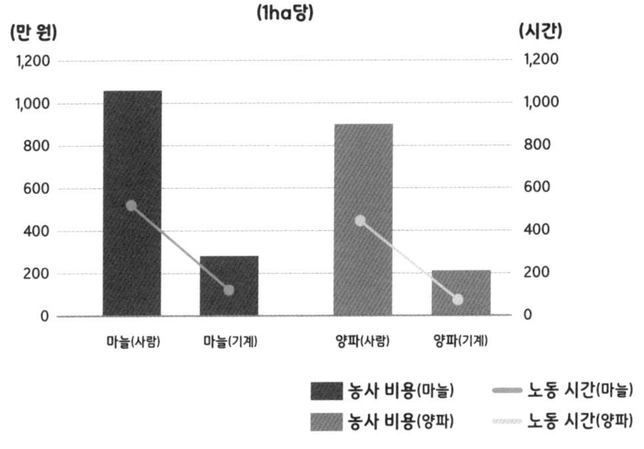

음에 마늘이 손상되지 않도록 흙을 속에서부터 긁어 올리고 마늘의 흙을 떨어내는 '마늘 수확기'가 지나갑니다. 마늘 수확기는 양파나 감자를 수확할 때도 사용할 수 있어요.

마늘밭에는 일반적으로 보온, 보습, 잡초 억제 등을 목적으로 검은색 비닐로 흙을 덮는 멀칭 기술을 썼어요. 그런데 멀칭이 마늘 수확기 작업에 방해가 되어 이제는 멀칭을 하지 않도록 권장합니다. 액체로 된 멀칭제를 뿌리면 흙 위에 얇게 코팅되는 액상 멀칭 기술이 개발되기도 했는데, 필요하다면 이 기술을 활용할 수 있습니다. 썩지 않는 비닐 쓰레기를 줄일 수 있는 기술이네요!

농촌진흥청에서 실증 지역을 대상으로 조사한 바에 따르면 마늘·양파 농사의 경우 기계를 사용할 때가 사람이 농사지을 때보다 1ha(헥타르)당 각각 평균 775만 원, 687만 원의 비용을 절감하는 효과가 있다고 해요. 농촌진흥청은 기계를 구입하거나 빌리는 비용, 기계의 연료비와 정비료 등 유지관리비 등을 고려해도 기계화가 유리하다는 사실을 알리고 기계화를 지원하고 있지요.

기계화를 위해 농사법을 바꾸다 보니 밭의 풍경도 서서히 달라지고 있습니다. 사과 같은 과일나무는 어떨까요? 사과밭은 이미 나무가 자라나 있으니 씨앗을 뿌리거나 모종을 옮겨 심는 일은 없어요. 대신 제초(잡초 뽑기), 가지치기, 농약 치기, 꽃따기, 사과 따기 등을 사람이 손으로 직접 해야 하지요. 그러려면 사람이 나무 사이로 다니며 일해야 해요. 채소밭에 이랑과 고랑이 있듯이 사과밭에도 나무들 사이에 통로를 만들어 둡니다. 최근에는 통로를 충분히 넓게 만들어서 농기계가 지나다닐 수 있는 공간을 확보하는 추세입니다.

일의 능률을 올리고 기계를 더 손쉽게 사용하기 위해 작물이 자라는 형태를 바꾸기도 합니다. 사과나무라고 하면 대부분 원줄기가 위로 곧게 자라고 가지가 사방으로 뻗은 둥근 모양을 떠올릴 거예요. 하지만 요즘 사과나무는 전혀 다르게 생겼답니다. 편평한 벽이나 기둥처럼 생겼어요. 이렇게 수형, 즉 나무의 모양을 납작하게 만드는 방법을 '평면형 농법'이라고 해요.

이 농법은 사과나무의 원줄기를 옆으로 누이고 원래는 옆으

기존의 방사형 사과나무(왼쪽)와 평면형으로 자라는 사과나무(오른쪽)

로 뻗을 가지들을 위쪽으로 자라도록 유도해요. 사과가 달리는 각 가지들이 수직으로 자라면서 평명을 이루지요. 기존의 사과나무보다 키가 작아서 수확할 때 사다리를 사용하지 않아도 됩니다. 또 평면을 벗어나 튀어나온 가지들을 일괄적으로 자를 수 있어 가지치기가 수월해요. 평면을 따라가며 사과꽃을 떨어내는 장비도 사용할 수 있지요. 모든 가지가 고르게 햇빛을 받으니 광합성 양도 전체적으로 늘어납니다. 통풍이 잘되니 병해충이 생길 가능성도 적고, 농약도 고르게 퍼져서 적은 사용량으로도 충분한 효과를 볼 수 있습니다.

과학기술의 빠른 발전 속도는 농업 분야라고 해서 예외가 아닙니다. 드론도 농업에서 활용되고 있어요. 지상에서 농약을 뿌리려면 큰 수고가 뒤따라요. 사람이 직접 한다면 농약 통에 연결된 호스를 들고 작물들 사이로 다니며 농약을 뿌려야 해요. 힘도 많이 들거니와 작업자의 피부나 호흡기를 통해 몸속에 농약이 조금씩 쌓여 질병을 일으키게 됩니다. 트랙터에 농약 탱크를 싣고 살포하는 방법도 있는데, 이 또한 작업자가 농약에 노출되는 것은 마찬가지예요.

드론을 이용하면 작업자의 안전 문제를 해결하는 것은 물론이고 노동력도 줄일 수 있습니다. 농약 통을 실은 드론이 빠르게 비행하면서 농약을 뿌릴 수 있거든요. 작업자는 멀찌감치 떨어져 조종하고 농약 통만 갈아 주면 되기에 농약의 영향을 받지 않습니다. 이제는 작업자가 아니라 조종사라고 불러야 할지도 모르겠네요.

인공지능(AI) 기술도 농업 분야에 적극적으로 적용되고 있습니다. 자동차의 자율 주행 기술을 접목한 자율 작업 트랙터도 등장했습니다. 트랙터는 자율 주행 대신 자율 작업이라는 말을 써요. 단순한 주행이 아니라 농부들이 트랙터를 몰면서 하는 작업

도 모두 스스로 하기 때문입니다.

예를 들어, 밭이나 논을 갈 때는 목표로 설정한 경로를 왔다 갔다 하면서 땅을 가는데요. 이때 작업자는 트랙터에 달린 쟁기를 올렸다 내렸다 하며 필요한 때에만 흙을 갈아야 해요. 자율 작업 트랙터는 스스로 경로를 설정하고 쟁기날 작동도 조절합니다. 게다가 트랙터를 능숙하게 조작하는 사람보다 더 정교하게 작업한다고 해요. 정밀하고 규칙적으로 이랑을 만들면 생산량도 늘고 효율적인 동선으로 농기계를 사용할 수 있어 연료비도 최소화할 수 있어요. 심지어 자율 작업 트랙터는 야간에도 작업이 가능해서 수동 트랙터보다 능률이 높을 수밖에 없습니다.

잡초를 제거하는 인공지능 제초기도 있습니다. 네 개의 바퀴가 달린 이 제초기 아래쪽에는 이랑을 인식할 수 있는 카메라가 장착되어 있어요. 그래서 고랑을 따라 돌아다니며 카메라로 작물 사이에 있는 잡초를 찾아냅니다. 잡초가 인식되면 레이저로 잡초를 태워 버리지요.

기계가 잡초를 인식할 수 있는 것은 인공지능의 딥러닝 학습 기술 덕분입니다. 인공지능이 작물과 잡초를 구분할 수 있도록 방대한 자료를 제공해 학습을 시킵니다. 학습을 통해 보호해야 할 작물과 제거해야 할 잡초를 구분하기 때문에 다양한 작물의 제초에 활용할 수 있어요. 경험이 많아질수록 인공지능 제초기의 잡초 구분 능력도 더 발달할 거예요.

수확하는 작업은 기계화의 최대 과제이지요. 인공지능이 그 해답이 될 수 있어요. 딸기가 손상되지 않도록 수확할 수 있는 인공지능 로봇이 이미 개발되었습니다. 카메라 센서로 잘 익은 딸기를 골라내고, 적절한 힘을 가해 딸기를 따는 거예요.

사과를 따서 담는 드론도 나와 있어요. 특수 팔을 가진 일종의 로봇이라 할까요. 사과를 비틀어 딸 수 있는 장비가 달린 미니 드론을 인공지능이 조종하는 방식입니다. 이처럼 수확을 위한 다양한 로봇 제품들이 연구·개발되고 있습니다. 열매를 수확

QR코드의 영상을 통해 인공지능 드론 수확기가 작동하는 방식을 볼 수 있다.

하는 일은 아직 사람이 하는 것보다 기계의 효율이 낮지만, 상용화가 머지않았어요.

농기계가 열어 갈 미래

요즘 농촌에서 일꾼을 구하기란 무척 어렵습니다. 단순한 농업 기피의 문제가 아니라 저출생과 고령화로 농가 인구가 턱없이 부족하기 때문입니다. 이러한 상황에서 농업 기계화는 가장 현실적인 대안이에요. 농기계가 비싸지만, 그만큼 노동력을 줄이고 생산성을 높일 수 있으니까요. 작업의 정밀도 또한 높아집니다. 작업이 단순해지고 빠르고 정확하게 이뤄지니 노동 시간이 줄어드는 것은 물론이고 작업자의 능력이나 능률에 따른 수확량의 격차가 줄어요. 농사일이 표준화된 만큼 수확물도 고르게 나오겠지요. 이제 논밭은 건물이 없는 거대한 공장과 같아요.

농기계가 지능화되어 가는 것과 함께 이뤄져야 할 변화가 전동화, 즉 전기를 동력으로 하도록 만드는 일이에요. 지능화가 더 어려울 것 같지만 실은 전동화가 더 어렵습니다. 일단 전동화가 되면 농기계가 무거워져요. 농기계는 자동차보다 출력이 작지만, 오랫동안 그 출력을 유지해야 합니다. 자율 작업이 가능한 트랙터가 야간까지 일하려면 배터리 용량이 커야 하고, 배터리 무게가 늘어야겠지요. 가뜩이나 대형화된 농기계가 무거워지면 문제가 됩니다. 무거운 농기계가 흙을 누르고 다지니 흙 속에 공기가 통하지 못하고, 식물의 뿌리가 충분히 뻗어 나가지 못해요. 결과적으로 식물의 생장에 나쁜 영향을 주지요. 무게도 문제이지만, 전동화된 트랙터는 배터리와 새로운 부품들 때문에 현재 쓰는 디젤 트랙터보다 더 비싸질 수밖에 없어요.

농업 기계화는 이점이 많지만, 여러 가지 단점도 있습니다. 한

가지 단점은 꼭 기억하세요. 많은 일을 정확하고 빠르게 한다는 것은 일의 양만큼이나 많은 에너지를 사용한다는 점입니다. 농기계는 아직 화석연료에 의존하고 있어요. 전동화가 이뤄지고 있지만, 전기에너지라고 해서 화석연료로부터 자유롭지는 않거든요. 지능화된 농기계는 데이터를 주고받는 장비가 추가되어야 하고, 정보 전송에 에너지가 추가로 들어갑니다. 인공지능을 운영하기 위한 데이터센터를 설치하고 유지하는 데 들어가는 에너지도 만만치가 않아요. 기계화를 위한 연구만큼 에너지에 관한 연구도 활발하게 이루어지길 바라봅니다.

8

논밭이 탄소를 배출한다고?

탄소

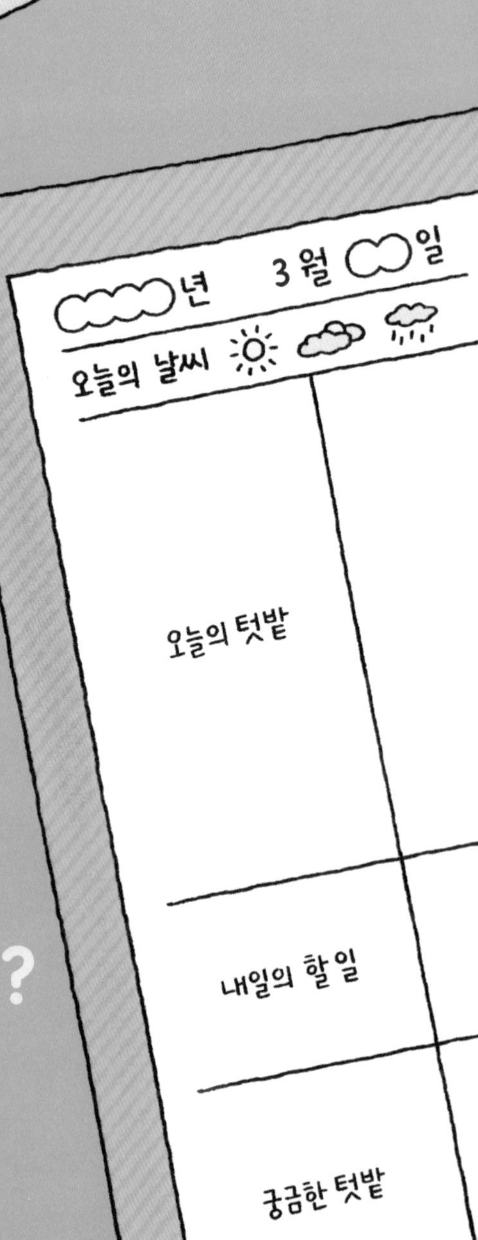

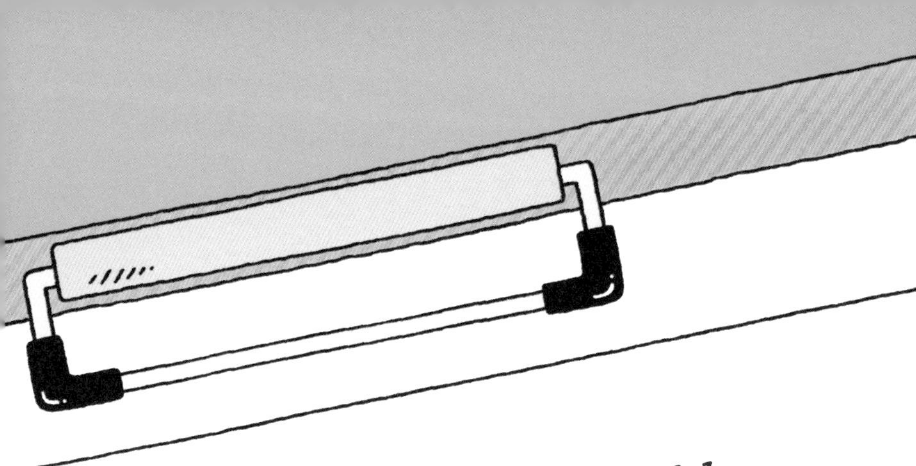

태어나서 처음으로 못질을 해 봤다. 선생님이 다치지 않도록 주의하라고 계속 말씀하셔서 살짝 겁났는데, 하다 보니 요령도 생기고 친구들과 선배들이 잘한다고 칭찬해 주니까 신나서 더 잘된 것 같다. 오늘 망치질을 진짜 많이 했는데, 할 때는 신나서 몰랐지만 끝나니까 긴장이 풀려서인지 팔이 엄청 아프다.

오늘 만든 텃밭 상자에 흙을 채워야 한다.

플라스틱으로 된 텃밭 상자보다 나무로 만든 텃밭 상자를 쓰는 것이 기후 위기를 막는 데 더 도움이 된다고 선생님이 말씀하셨다. 플라스틱보다 나무가 탄소 배출을 덜하는 걸까?

지구를 순환하는 탄소

오늘날 우리가 맞닥뜨리고 있는 기후 위기는 인간이 배출한 온실 기체 때문에 지구의 평균 기온이 올라간 결과입니다. 온실 기체에는 이산화탄소 외에도 메테인, 아산화질소, 수증기, 오존, 프레온 등이 있어요. 이산화탄소는 이 가운데 80%가량을 차지해 기후 위기의 주범으로 꼽히지요. 그렇다면 이산화탄소는 어디서 오는 것일까요?

이산화탄소(CO_2)는 탄소 원자 하나와 산소 원자 둘이 결합한 물질이에요. 탄소는 다른 원자들과 결합해 이산화탄소와 같은 다양한 탄소화합물을 이룰 수 있어요. 탄소는 지구 곳곳에 여러 형태로 존재하고, 자연현상에 의해 형태를 바꾸며 이곳저곳을 돌고 돌아요.

우리가 잘 알다시피 식물은 광합성을 해요. 대기 중 이산화탄소로 포도당을 만들지요. 이산화탄소를 이루던 탄소가 포도당을 이루는 탄소가 되는 것이지요. 식물의 몸속으로 들어간 탄소는 먹이사슬을 따라 다른 생물의 몸을 이루기도 하고 생물의 호흡을 통해 다시 이산화탄소가 되어 대기로 돌아가기도 해요. 생물이 죽어 흙에 묻히면 몸속 탄소는 토양 유기물이 돼요. 이제 탄소는 흙으로 이동했네요! 이때 생물의 몸이 수만 년에서 수억

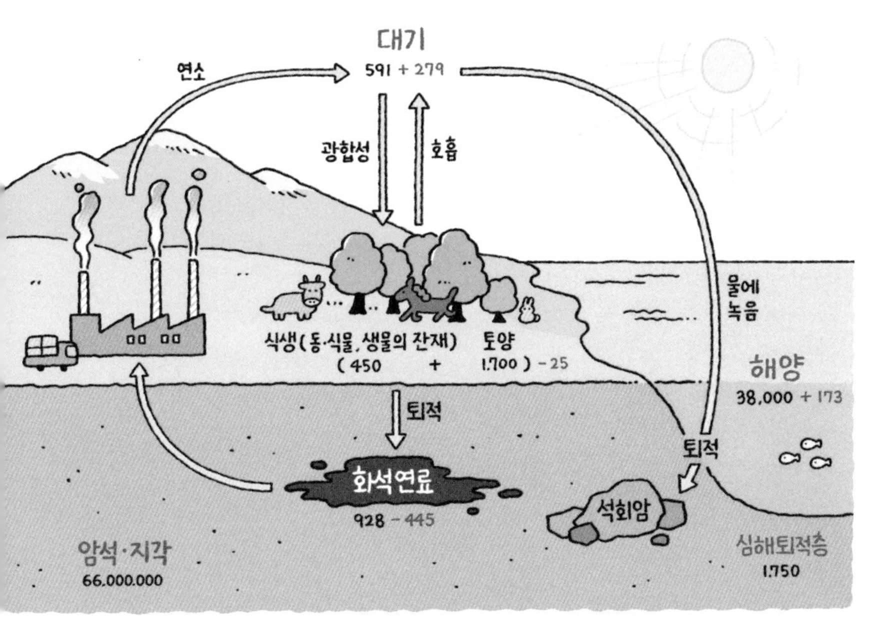

탄소순환 시스템

년 동안 열과 압력을 받으면 화석연료가 됩니다. 화석연료는 아주 오래된 생물의 몸인 거예요.

대기 중의 이산화탄소가 바닷물에 녹으면 탄소가 바닷속으로 이동하기도 해요. 바닷속 탄소는 생산자에 의해 바다 생물의 몸을 이룹니다. 바닷속 생물의 몸은 바다 깊은 곳에 가라앉아 유기물 퇴적층이 돼요. 숲속에 낙엽이 쌓이듯이요. 바닷속에 녹아든 탄소 중 일부는 탄산칼슘이 되어 조개껍데기를 이룹니다. 이것이 땅에 묻혀 석회암이 되고요. 석회암은 오랜 세월 탄소를 품고 있다가 높은 압력과 열로 규소와 반응하면 규산칼슘과 이산화탄소로 변해서 다시 대기로 돌아가기도 해요.

이처럼 탄소는 대기에서 해양으로, 해양에서 지각으로, 대기에서 생물로, 생물에서 대기와 흙으로 계속 형태를 바꿔 가며 이동합니다. 이를 탄소순환 시스템이라고 해요. 때때로 그 자리에 머물러 있기도 하는데, 이때 탄소가 머물러 있는 대기, 해양, 지각, 생물, 흙 등을 탄소 저장소라고 불러요.

거대한 탄소 저장소들

지구가 생긴 이래로 가장 많은 탄소가 가장 오래 머무르는 곳은 지각입니다. 가장 큰 탄소 저장소이지요. 지각 위 지구의 표층에서는 탄소의 흐름이 비교적 활기차게 이뤄져요. 특히 생물들 사이에서는 쉼 없이 탄소가 이동합니다.

탄소가 끊임없이 흘러 다녀도 각 탄소 저장소가 머금고 있는 탄소량에는 큰 변화가 없었어요. 지구의 역사에 인류가 출현하고 수백만 년이 지나는 동안에도 큰 변동이 없었지요. 그런데 산업혁명 이후 고작 170여 년이라는 짧은 시간 동안 전례가 없던

큰 변화가 생겼어요. '대기' 저장소의 탄소가 591Gt(기가톤)에서 870Gt으로 증가한 거예요. '해양' 저장소의 탄소는 3만 8,000Gt에서 173Gt이 증가했고요. 두 저장소의 탄소가 증가한 것은 바로 '화석연료' 저장소의 탄소가 흘러나온 영향이 큽니다. 산업혁명을 거치며 인간이 화석연료를 빠른 속도로 소비했기 때문이에요. 화석연료는 생물이 땅에 묻히고 오랜 시간이 지나야 만들어지지요. 화석연료가 만들어지는 속도보다 화석연료가 이산화탄소로 바뀌는 데 훨씬 더 짧은 시간이 걸리니 다른 저장소의 탄소 양이 증가하게 된 것입니다. 대기와 해양에 있는 탄소를 자연적으로 화석연료 저장소로 되돌리려면 수만, 아니 수억 년 이상의 시간이 필요해요. 인류가 이 지구상에 존재했던 시간보다 훨씬 긴 시간이지요.

이미 배출해 버린 탄소의 양도, 이를 다시 저장소로 되돌리는 데 드는 시간도 문제이지만, 지금 이 순간에도 우리가 계속 탄소를 배출하고 있다는 점이 가장 큰 문제입니다. 차를 타고 이동할 때는 물론이고 해외 직구 물품을 구매할 때나 쇼츠를 보고 인스타를 할 때도 탄소가 배출됩니다. 우리가 사용하는 물건이나 건물, 에너지를 만드는 과정에서도 탄소가 배출되지요.

국제사회는 2050년까지 탄소중립을 달성하기로 약속하고 다양한 노력을 기울이고 있지만, 여전히 흡수하는 탄소의 양보다 배출하는 탄소의 양이 더 많아요. 너무 큰일이니 포기하자고 하는 말이 아닙니다. 지구가 점점 더 더워진다고, 기후변화가 더 심각해진다고 해서 인류가 한순간에 멸종하거나 문명사회가 무너지는 것은 아니에요. 지금보다 심한 가뭄과 홍수, 산불, 극한의 더위와 추위, 신종 감염병의 증가 등 우리를 힘들게 하는 일이 더욱 늘어날 것이라는 점을 기억해야 합니다. 예상되는 악조건에 적응하는 동시에 악조건이 등장하는 속도를 되도록 늦추고 기후변화를 완화하는 것이 시급합니다.

2050년까지 탄소중립을 이루기 위해 우리가 해야 할 일은 온실 기체 배출을 줄이고 흡수량을 늘려서 순 배출량을 0보다 작게 만드는 것이에요. 그러려면 광합성량을 늘리고 대기와 해양 이외의 탄소 저장소에 저장되는 탄소를 최대한 늘려 나가야 합니다. 농업 분야에서는 탄소 배출을 줄이기 위해 어떤 대안을 모색하고 있을까요?

농지는 탄소를 흡수할까

많은 사람이 식물이 자라는 논밭은 탄소를 많이 흡수할 것이라고 짐작합니다. 하지만 농경지는 흡수하는 탄소의 양보다 더 많

진로를 고민하는 청소년들, 여기 주목!

12명의 직업인이 언젠가 일터의 동료가 될 청소년에게 들려주는 다정하고 생생한 일 이야기. 데이터과학자, 임상심리학자, 동물트레이너, 플로리스트 등 각 직업을 목표로 한다면 참고가 될 구체적인 내용을 담았다.

내일은 내 일이 가까워질거야

김시원 외 지음 | 236쪽 | 16,700원

학교도서관저널 추천도서 | 책따세 추천도서 | 책씨앗 추천도서
(사)행복한아침독서추천도서

#진로 #직업 탐색 #꿈과미래

기후위기 시대에 진로를 고민하는 너에게

기후위기 시대를 살아갈 십 대를 위한 진로 탐색 인터뷰집. 건축가부터 IT 개발자, 패션 디자이너, 기자 등 다양한 일터에서 지구 환경과 지속 가능성을 고민하고 해결방안을 모색하는 직업인의 이야기를 들어본다.

좋아하는 일로 지구를 지킬 수 있다면

김주온 지음 | 272쪽 | 16,700원

학교도서관저널 추천도서 | (사)행복한아침독서 추천도서
환경정의 올해의 청소년 환경책 | 책씨앗 추천도서

#진로 #직업탐색 #기후위기 #녹색일자리

이 배출한다고 봐야 해요. 작물은 자라면서 광합성을 하고 탄소를 흡수한 만큼 작물이 성장해요. 살아 있는 식물은 그 자체로 탄소 저장소로 기능하지요. 그런데 농부는 작물을 수확하고 난 뒤 남은 줄기나 뿌리를 모아서 태우거나 가축의 사료 혹은 퇴비의 재료로 사용해요. 이것도 여의치 않으면 밭과 함께 갈아엎고요. 하지만 논밭에 그대로 남겨 두면 해충이 생존해 번식할 수 있으니 제거합니다. 다음 농사를 하려면 논밭을 비워야 하기도 하고요.

식물이 자라지 않는 농토는 결국 탄소를 흡수하지도 흡수한 탄소를 저장하지도 못합니다. 결과적으로 탄소 배출이 증가하는 거예요. 그나마 사료나 퇴비로 활용하면 탄소 배출을 줄일 수 있습니다. 탄소가 가축의 몸을 이루거나, 흙 속에 유기물을 공급하는 데 활용되기 때문이에요.

탄소 배출을 줄이려는 농사법으로 무경운 재배가 있습니다. 말 그대로 논밭을 갈지 않는다는 뜻입니다. 무경운 논밭에는 기존에 재배한 작물의 뿌리가 그대로 남아 있어요. 이 뿌리 주변에는 특별한 미생물 생태계가 형성되어 있지요. 작물은 뿌리를 통해 유기물을 분비하는데, 이 유기물이 미생물들에게 좋은 먹이가 되어 뿌리 근처에 다양한 미생물로 구성된 생태계가 생겨납니다. 미생물 생태계는 식물이 필요로 하는 양분을 공급하고, 병을 유발하는 특정 균이 급격히 증가하는 것을 억제하지요. 뿌리가 분비한 물질과 미생물의 활동은 떼알 흙이 형성되는 것을 돕습니다. 또 뽑지 않고 둔 기존 작물의 뿌리가 흙 알갱이 사이가 좁아지는 것을 막아 어린 작물이 뿌리를 내리는 것을 도와주지요.

무경운 재배는 경운 재배보다 흙의 탄소 저장량을 키워 줍니다. 식물의 뿌리와 미생물 생태계가 유지된다는 것은 일정 정도의 생물량이 계속 유지된다는 의미예요. 생물량이란 일정 지역에서 살아가는 생물의 무게를 모두 합친 것입니다. 생물량이 유지된다는 것은 생물의 몸에 저장된 탄소가 유지된다는 뜻입니다. 이에 더해 생물이 죽으면 일정 정도의 생물량이 흙 속에 묻히면서 지속적인 탄소 흡수와 저장이 이루어지지요.

무경운 재배의 핵심은 '무경운' 자체보다는 흙 속 미생물 생태계와 흙의 구조를 얼마나 건강하게 유지하느냐에 있답니다. 무경운 재배의 효과는 장기적으로 나타나기 때문에 이러한 원리를 알고 흙의 상태를 유지하는 노력이 필요해요.

비슷한 원리로 피복작물 재배도 주목받고 있어요. 피복작물이란 땅을 덮는 작물이에요. 맨땅이 드러나 있으면 빗물에 흙이 씻겨 나가기 쉽습니다. 하지만 피복작물을 심어 두면 흙 유실을 방지할 수 있고, 잡초가 자라는 것도 막을 수 있어요. 과일나무 사이에 심으면 잡초뿐 아니라 해충도 견제할 수 있어요. 피복작

물이 해충을 잡아먹는 포식자가 살 수 있는 서식처가 되기 때문이에요. 이처럼 농약을 뿌리지 않고 기생자, 포식자, 병원균, 경쟁자를 이용해 병해충의 피해를 줄이는 방법을 생물적 방제라고 해요. 피복작물은 잡초와 해충을 막는 효과가 클뿐더러, 수확할 목적으로 키우지 않기 때문에 생물량을 계속 유지할 수 있어 탄소 흡수와 저장원이 될 수 있답니다.

피복작물은 농한기에도 키울 수 있어요. 콩을 재배하는 밭에다 수확 후 곧바로 보리와 무를 심는 식이에요. 밭에서 쉬지 않고 작물이 자라기 때문에 식물의 뿌리에서 나오는 배출물에 영향을 받는 흙 속 미생물이 계속해서 살아갈 수 있고, 다양한 작물을 번갈아 키우면 미생물의 다양성이 커져 흙 속 미생물 생태계가 건강해져요.

피복작물은 탄소 배출권 판매로 연결될 수 있어요. 탄소 배출권은 말 그대로 탄소를 배출할 수 있는 권리인데, 거래가 가능합니다. 탄소 배출을 억제하고자 정부는 기업이나 시설에 온실 기체를 배출량을 할당해요. 할당량보다 적게 배출한 경우, 남은 배출권을 판매할 수 있어요. 할당량보다 많이 배출한 기업은 이를 구매해 초과량을 메꾸어야 합니다. 어떤 농민이 피복작물을 재배해 탄소 배출을 줄인 경우, 이를 정부나 민간인증기관으로부터 인증받으면 농민은 줄인 만큼의 탄소 배출권을 갖게 돼요. 이

것을 기업에 팔면 농부에게 또 다른 수입이 될 수 있지요.

미국이나 유럽에서는 '탄소 농업(Carbon Farming)'이라고 불리며 농민의 탄소 저감 활동과 배출권 인정 및 거래가 활발하게 이루어지고 있어요. 우리나라에서도 탄소 배출권 거래가 이루어지고 있지만, 농업 분야는 아직 초보 단계라 일부 산림에서만 인정되고 있어요. 농업 분야에서도 탄소 배출권 인정과 거래가 활발해진다면 탄소 저감 농법이 널리 퍼질 수 있겠지요.

논이 소처럼 방귀를 뀐다?!

농업 분야에서 발생하는 온실 기체에는 이산화탄소뿐만 아니라 메테인과 아산화질소도 있습니다. 지구 대기 중 메테인의 농도는 0.00018% 정도입니다. 0.04%인 이산화탄소에 비하면 매우 적어요. 하지만 메테인의 온실효과는 이산화탄소보다 약 28배 강해요. 그래서 온실 기체 중 지구온난화에 미치는 영향은 이산화탄소(66%)의 뒤를 이어 16%에 달합니다. 적다고 무시할 수 없어요. 메테인 또한 인간 활동으로 많이 배출되어 대기 중 농도가 산업화 이전보다 2.5배 증가했어요.

메테인은 가축의 트림과 방귀에 많이 들어 있다고 알려져 있

어요. 그런데 논 역시 대표적인 메테인 배출원입니다. 우리나라 농지 중 절반이 논이에요. 전체 온실 기체 중 농업에서 배출하는 것이 3% 정도인데, 우리나라 메테인 배출량 중 자그마치 22%가 논에서 발생해요.

메테인이 발생하는 가장 큰 이유는 논이 습지이기 때문이에요. 물이 고여 있어 산소가 부족해지고 산소 없이도 유기물을 분해할 수 있는 혐기성 미생물이 늘어나지요. '혐기성'이란 '산소를 싫어한다'라는 뜻이에요. 혐기성 미생물 가운데 메테인균은 단당류나 아미노산과 같은 유기물을 분해해 메테인을 만들어 내요.

메테인 발생이 활발한 온도는 20~40℃이에요. 모내기를 하고 한 달 정도 지나 6~7월이 되면 메테인 발생이 활발해져요. 이 시기는 한참 자란 벼가 많은 산소를 소모하는 때이기도 해요. 온도가 적정하고 산소가 부족하고 유기물이 적절하게 있어 메테인 생성이 최대치에 이릅니다.

메테인 생성을 줄이려면 물의 높이를 수시로 조절해야 해요. 벼가 어느 정도 자랐을 때, 물을 빼면 논바닥이 마르면서 흙 속에 산소가 스며들어요. 논바닥을 2주 정도 말리면 메테인 생성이 40% 줄어든다는 연구 결과도 있어요. 동시에 농업용수도 20%가량 절감한다고 하니 일석이조입니다.

유기물의 양을 조절하는 방법도 있어요. 수확 후 볏짚을 논에 두고 자연 분해되기를 기다리기보다 수거한 볏짚으로 퇴비를 만들어 흙에 섞어 주면 유기물 함량을 적당히 줄일 수 있어 메테인이 적게 만들어진다고 해요. 메테인균도 먹을 것이 있어야 메테인을 만들 수 있으니까요.

바이오차(Biochar)를 흙에 섞는 방법도 있습니다. 바이오차는 일종의 숯으로, 농업에서 토양 개량제로 사용돼요. 흙 입자들의 구조를 개선해 수분 보유력과 양분 흡수력을 높입니다. 바이오차 자체가 탄소 덩어리라 탄소 저장 효과도 있지요. 바이오차가 메테인 생성을 줄이는 까닭은 산소가 필요한 '호기성' 미생물의 물질대사를 돕기 때문이에요. 호기성 미생물은 호흡 과정에서 만들어지는 여분의 전자를 받아 줄 산소가 필요해요. 산소가 부족할 때, 바이오차가 대신 전자를 받아 줘 호흡을 돕습니다. 더불어 메테인균의 활동을 억제하는 효과도 있어요.

우리나라에서는 논에서 메테인 배출량을 줄이는 것이 중요하다 보니 메테인이 적게 발생하는 벼 품종을 개발하기도 했어요. 벼가 뿌리로 내놓는 물질 중에는 메테인균이 좋아하는 유기물이 있어요. 밀양360호는 메테인균의 먹이가 되는 물질이 뿌리로 나가는 양을 줄여서 메테인 발생을 줄인 신품종 벼입니다. 밀양360호를 일반적인 농법으로 재배했을 때 메테인 발생이 16% 감

경상남도 창녕의 우포늪. 자연 습지는 중요한 탄소 흡수원이다.

소하고, 화학비료를 50% 줄여 재배하면 메테인 발생이 24%(일반적인 벼는 9~11%) 감소해 '그린 라이스'라는 별명이 붙었어요.

인공 습지인 논에서 메테인 발생이 많다면 자연 습지는 어떨까요? 자연 습지는 중요한 탄소 흡수원으로 주목받고 있어요. 자연 습지는 자연적으로 수위(물 높이) 변동이 일어나고 물의 흐름도 있어서 논보다 산소가 잘 공급됩니다. 또 습지에는 다양한 수생 식물이 자라서 산소를 공급하지요. 그 결과 수생식물의 뿌리 주변은 산소가 풍부한 호기성 환경이 됩니다.

메테인을 분해해서 살아가는 메테인 산화균이라는 미생물이 있어요. 호기성 미생물인 메테인 산화균은 산소만 충분하다면 메테인을 분해해 이산화탄소로 전환합니다. 그 덕분에 습지에서 만들어진 메테인은 대기로 날아가기 전 이산화탄소가 되지요.

온실 기체를 줄이는 노력

아산화질소(N_2O)는 질소 비료를 과하게 사용해서 발생하는 온실 기체예요. 식물이 미처 흡수하지 못해 하천이나 지하수로 흘러가 버린 질산염과 암모늄이 흙 속 미생물에 의해 전환되는 과정에서 아산화질소가 발생합니다.

아산화질소가 발생하는 주요 과정은 탈질화입니다. 어떤 물질이 산소를 얻으면 산화, 산소를 잃으면 환원이라고 해요. 탈질화란 질소와 산소가 결합한 질산염(NO_3^-)이 산소를 잃고 환원된 질소가 대기로 빠져나가는 것을 말합니다. 산소가 부족한 흙에서 탈질화가 일어나는데, 산소가 필요한 미생물이 질소산화물에서 산소를 빼앗아 쓰면 결국 질소만 남게 됩니다. 탈질화는 $NO_3^- \rightarrow NO_2^- \rightarrow NO \rightarrow N_2O \rightarrow N_2$의 과정으로 진행돼요. 이 과정에서 N_2에 이르지 못하는 조건이 생겨나면 아산화질소가 배출됩니다. 아산화질소는 양은 적지만 온실효과로만 따지면 이

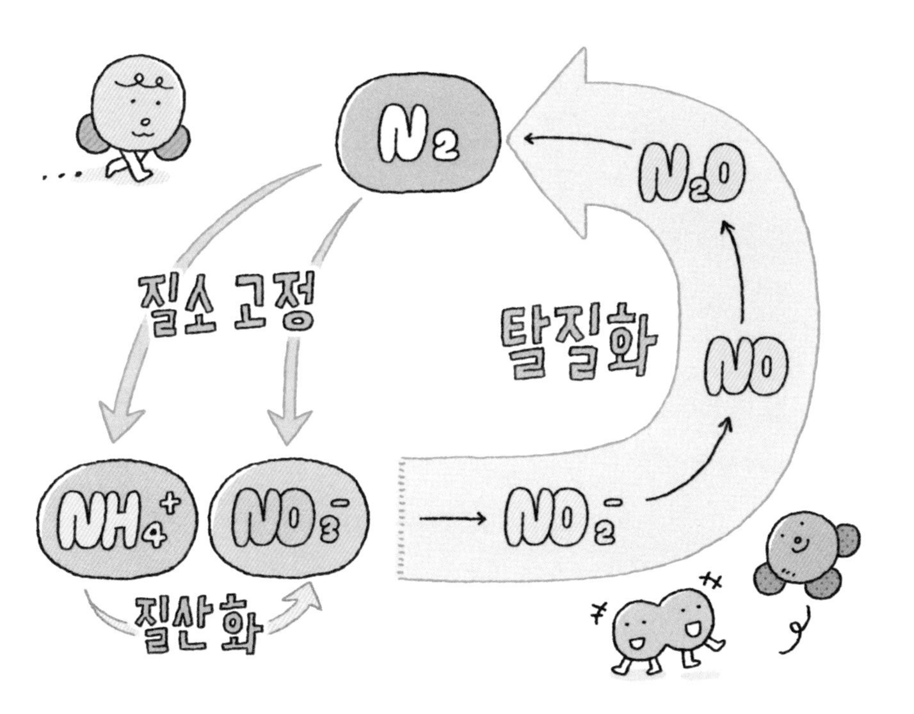

산화탄소의 300배나 되는 강력한 온실 기체예요.

아산화질소의 발생을 줄이려면 적정량의 질소 비료를 주어야겠지요. 아니면 천천히 녹아나는 비료를 쓰는 방법도 있고요. 흔히 쓰이는 방법은 아산화질소 같은 질소화합물로의 반응을 억제하는 첨가제를 넣는 겁니다. 대표적으로 DCD(질산화 억제제)라는 물질이 있습니다. DCD를 섞으면 질산염이나 암모늄 이온이 화학적으로 변하는 것을 막을 수 있어요. 첨가제만으로도 질소

비료의 변형을 막아 비료의 효과도 좋아지는 동시에 아산화질소 배출도 줄일 수 있어요.

온실 기체를 배출하지 않고 역으로 이용하는 방법도 있어요. 온실이나 비닐하우스 같은 재배 시설에서는 온도 유지가 중요합니다. 직접 난방을 할 수도 있겠지만, 폐열을 이용한다면 직접적인 온실 기체 발생을 줄일 수 있어요. 공장이나 발전소, 자원 회수 시설 등을 가동하면 열에너지가 부수적으로 발생해요. 이용하지 않으면 버려지기 때문에 폐열이라고 부르지요. 도심의 자원 회수 시설에서는 800~1,000℃의 고온에서 폐기물을 연소시켜요. 이때 발생하는 열에너지를 이용해 전기를 생산하는데, 전기를 생산하고도 120℃ 정도의 열을 갖고 있어요. 이는 지역난방공사를 통해 난방용수를 공급하는 데 쓰입니다. 마찬가지 원리로 재배 시설의 난방을 할 수 있지요.

한층 더해 폐기물 연소 때 발생하는 이산화탄소를 따로 모아 재배 시설의 이산화탄소 농도를 조절할 수가 있어요. 작물은 대개 이산화탄소 농도가 높을수록 광합성량이 증가해요. 재배 시설의 이산화탄소 농도를 높이면 빛의 양이 같아도 생장량이 늘지요. 이산화탄소를 배출하지 않고 탄소 저장량을 늘리는 기술을 CCS(Carbon Capture and Storage)라고 하는데요. 폐열과 온실 기체를 재배 시설에 이용하는 경우처럼 탄소를 활용하는 기술을

CCU(Carbon Capture and Utilization)라고 합니다.

온실 기체의 발생을 줄이고, 탄소를 흡수·저장하거나 활용할 수 있는 여지가 농업에는 많아요. 지금까지는 생산량 증대 위주로 농업기술이 발전해 왔다면 이제는 기후 위기에 대응하는 탄소 농업으로 방향을 전환해야 할 시기가 아닐까요?

여러분도 텃밭에서부터 탄소 농업에 도전해 보기를 권합니다. 어떻게 하면 여러분의 작물이 흡수한 탄소가 이산화탄소로 배출되는 것을 늦출 수 있을지 고민해 보세요. 여러분이 가꾸는 텃밭은 흙 속 미생물 생태계가 잘 보호되고 있는지 살펴보세요. 탄소순환에 대한 과학적 이해를 바탕으로, 탄소순환을 위한 여러분의 창의적 아이디어를 실천한다면 그것이 바로 탄소 농업이랍니다.

9

품종 개량도 디지털 시대

육종

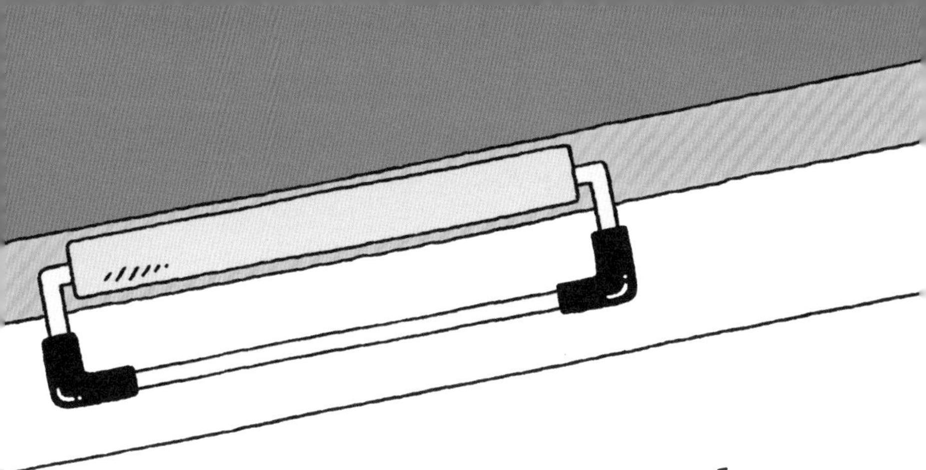

방울토마토를 따서 먹어 보기로 한 날이라 그런지 방과 후에도 동아리 친구들이 거의 다 모였다. 같은 줄기에 열렸는데도 색깔이 조금씩 다른 게 신기했다. 익은 정도가 다르면 맛은 또 어떻게 다를지 궁금했다. 오늘은 잘 익은 것들만 따서 맛보았다. 달고 아삭한 맛이 지금까지 먹어 본 방울토마토 중에 최고였다!

덜 익은 토마토도 따서 잘 보관하면 후숙이 된다고 선생님이 말씀하셨다. 내일은 다 같이 방울토마토를 수확할 거다!

방울토마토랑 토마토는 무슨 사이일까? 크기도 많이 차이 나지만, 맛이랑 식감도 다른데……. 어떤 사이인지 궁금하다.

방울토마토의 조상을 찾아서

생물끼리 얼마나 가까운지 알고 싶다면 어떻게 분류되어 있는지 살펴보는 게 가장 객관적일 거예요. 특히 학명을 확인하면 빠르게 알 수 있지요. 학명은 과학자들이 생물의 특성을 살펴 붙인 이름으로, 분류학적으로 얼마나 멀고 가까운지를 나타냅니다. 학명은 속명과 종명을 나란히 써요. '종(species)'은 생물을 분류하는 가장 작은 단위인데, 여러 '종'이 모여 '속(genus)'을 이루고 여러 '속'이 모여 '과(family)'를 이룹니다.

사람의 성명에 이름과 함께 가족의 성씨가 들어가 있듯이, 학명을 보면 이 생물이 어느 속에 해당하는지 확인할 수 있어요. 예를 들어, 현생 인류의 학명은 '호모 사피엔스(*Homo sapiens*)'예요. 속명인 'Homo'는 사람이라는 뜻이고, 종명인 'sapiens'는 '생각한다'라는 뜻이에요. 네안데르탈인의 학명은 '호모 네안데르탈렌시스(*Homo neanderthalensis*)'로, 현생 인류와 종은 다르지만 같은 '사람속(*Homo*)'에 속해 우리와 공통된 조상을 둘 정도로 가깝다는 사실을 알 수 있습니다. '사람과(Hominidae)'에 속하는 침팬지의 학명은 '판 트로글로디테스(*Pan troglodytes*)'로, '사람속'에 속할 정도로 가깝지는 않지요.

늑대의 학명은 '카니스 루푸스(*Canis lupus*)'이고 개의 학명은 '카

니스 루푸스 파밀리아리스(*Canis lupus familiaris*)'예요. 개는 늑대와 같은 종에 속할 만큼 가깝기에 학명이 같지만, 늑대와 달리 가축화되었기에 '파밀리아리스'를 학명 뒤에 붙여서 구분합니다.

토마토(*Solanum lycopersicum*)의 학명을 살펴보면 '가지속에 속하는 토마토'라는 의미예요. 토마토가 가지랑 가까운 사이라는 점도 흥미롭지만, 토마토의 학명에 담긴 의미는 더 재밌어요. 리코페르시쿰(lycopersicum)은 '늑대의 복숭아'라는 뜻이에요. 처음 토마토가 유럽에 전해졌을 때, 토마토의 생김새와 색깔을 불길하게 여겨서 붙여진 이름입니다. 유럽 요리에 토마토가 많이 쓰이다 보니 토마토를 유럽 채소라고 생각하기 쉽지만, 인류 역사에서 토마토를 작물로 만든 것은 남아메리카 원주민이에요. 남아메리카에서 재배하던 작물을 유럽인들이 가져가 키우면서 오늘날의 토마토 품종이 만들어진 것이지요.

남아메리카에서는 야생 토마토(*Solanum pimpinellifolium*)가 자라요. 학명이 다르다는 점에서도 짐작할 수 있듯이, 야생 토마토는 오늘날의 토마토와는 상당히 달라요. 크기는 방울토마토보다 작아서 콩알만 하고, 단맛보다는 신맛이 강하지요. 생김새나 맛이 많이 다른데, 토마토가 야생 토마토의 자손인 것을 어떻게 알 수 있었을까요? 남아메리카에서 유럽으로 토마토가 전해졌다는 것은 알지만, 역사적 사실만을 근거로 확정할 수는 없어요. 과학적

브라질의 야생 토마토. 지름이 1cm 남짓이다.

근거가 필요해요. 토마토 품종에 대한 족보나 가계도가 있다면 좋겠지만, 그것까지 기록할 여유가 당시 농민에게는 없었지요.

야생 토마토와 토마토의 관계를 파악할 수 있는 근거는 바로 DNA에 있어요. DNA에 저장된 유전정보를 비교하면 두 종이 얼마나 가까운지, 품종 개량 과정에서 달라진 것은 무엇인지 알 수 있어요. 마찬가지 방법으로 방울토마토를 확인해 보면 방울토마토(*Solanum lycopersicum* var. *cerasiforme*)는 야생 토마토보다 토마토에 더 가까워서 토마토의 변종이라는 뜻으로 var(variety)를 붙이고 그 뒤에 이름을 씁니다. 실제로도 토마토의 품종을 개량하는 과정에서 야생 토마토와의 교배로 방울토마토가 만들어졌을 것이라고 추정해요.

하나의 품종을 얻기까지

특정한 유전적 성질을 지닌 품종을 만드는 일을 육종이라고 해요. 전통적인 육종은 보통 10년 정도 걸려요. 이렇게 긴 시간이 걸리는 가장 큰 이유는 어떤 형질을 갖게 되는지 키워 봐야 비로소 확인할 수 있기 때문입니다. 토마토잎황화말림바이러스(이하 TYLCV)에 저항성이 있는 방울토마토 품종을 개발한다고 해 봅시다. 품종을 개량하는 육종가라면 어떻게 할까요? 먼저 TYLCV에 저항성이 있는 품종을 찾을 거예요. TYLCV에 저항성이 있는지는 바이러스를 직접 감염시켜 보고 병에 얼마나 덜 걸리는지 확인해 파악할 수 있습니다. 저항성을 가진 품종을 발굴하는 데만 적어도 2~3년이 걸려요. 다행히도 TYLCV에 저항성이 있는 품종이 이미 알려져 있다면 이 기간을 단축할 수 있겠지요.

저항성 있는 품종이 있다고 해서 신품종을 육종할 필요가 없는 건 아니에요. 우리는 TYLCV에 저항성이 있는 동시에 당도도 높고 열매도 많이 맺히는 품종이 필요하니까요. 이제 TYLCV에 저항성이 있는 품종(품종A)과 저항성은 없지만 당도 높은 열매가 많이 맺히는 품종(품종B)을 교배합니다. 여기에서 얻은 씨앗을 심어 키워 낸 개체 중에 두 가지 특성을 모두 가진 것들을 선발해요. 선발한 것을 서로 교배하고 두 특성을 모두 가진 개체를 또 선발하기를 반복해요. 두 특성을 모두 가진 자손만 나타낼 때까지요. 이것을 계통 고정이라고 해요. 계통 고정에는 적어도 5년 이상이 걸립니다.

품종A와 품종B의 두 가지 특성이 고정된 계통(계통AB)을 얻었다고 해서 새로운 품종 개발이 끝난 게 아니에요. 계통AB는 두 특성은 확실하게 나타나지만, 약점이 될 수 있는 특성이 함께 고정되기도 하거든요. 이를테면 더위에 약할 수 있지요. 이런 경우 약점을 보완할 다른 계통을 확보해야 해요. 기본적으로 영양 상태가 좋고 건강하면서 더위에 강한 특성이 추가된 계통(계통C)을 확보하는데, 이 과정도 3~4년 걸려요.

이제 계통AB와 계통C를 교배해서 우리가 원하는 자손이 태어나는지 확인하면 되는데요. 계통AB끼리 또는 계통C끼리 자가 교배가 이뤄지는 것을 막기 위해 두 계통 중 하나를 모본 계통으로 만들어요. 모본 계통이란 엄마가 돼서 씨앗을 맺게 될 계통이에요. 계통AB에서 맺힌 열매의 자손은 엄마를 닮아 'TYLCV 저항성'과 '당도 높은 다량의 열매'라는 특성을 지닐 것이라 계통AB를 모본으로 삼아요. 그러면 자연스럽게 계통C는 부본 계통이 되겠지요.

모본이 되려면 '웅성 불임(MS, male sterility)' 특성을 새로 가져야 해요. 웅성 불임이란 불임의 원인이 수컷 쪽에 있는 것을 말합

니다. 식물에서는 꽃가루가 만들어지지 않거나 꽃가루의 수분 능력이 없어지는 것을 뜻해요. 앞서 계통C를 확보하려고 노력하는 동안 계통AB를 웅성 불임인 계통과 교배합니다. 계통C와 '웅성 불임인 계통AB(계통MS-AB)'를 확보하는 과정이 동시에 진행되는 거지요.

정말 오랜 시간을 고생했어요. 이제 마지막 단계입니다. 계통MS-AB와 계통C를 교배해서 얻은 씨앗을 심고, 그 씨앗으로부터 자란 잡종 1세대에서 잡종강세가 안정적으로 나타나는지 확인해야 해요. TYLCV에 저항성이 있고, 당도 높은 열매가 많이 맺히고, 더위에 잘 견디면서 영양 상태가 좋고 건강한 상태가 지속되는지 확인하는 과정도 3~4년 걸린답니다. 우리가 원하는 특성이 안정적으로 나오는지도 확인해야 하지만, 이 품종에서 나타나는 여러 특성을 점검하고 재배 시 주의할 사항을 정리해야 하거든요. 이 과정까지 완료되면 비로소 하나의 품종이 완성됩니다. 참, 모본과 부본이 되는 두 계통을 안정적으로 유지하는 것도 잊어선 안 됩니다. 두 계통은 새로이 만들어 낸 품종의 씨앗을 얻기 위해 필수적인 세트니까요.

혹시 계통MS-AB와 계통C 사이에서 나오는 새로운 계통을 확보하지 않는 이유가 궁금한가요? 그렇게 한다면 굳이 모본과 부본을 유지하지 않아도 될 텐데 말이에요. 그 과정에는 많은 시

할아버지의
마지막 토마토

2025년
튼튼!
달달!
...

2028년
교배!
선발!
교배!
선발!

2033년
토마토

2036년
드디어…
토마토

간과 비용과 노력이 필요해요. 새 계통을 고정하는 동안 약점이 될 수 있는 다른 특성이 나타날 수도 있습니다. 계통C를 확보하기 위해 수행했던 과정을 또 반복해야 하는 거지요. 새로운 품종을 만들었다고 해서 그 품종이 가진 모든 유전적 특성을 파악한 것이 아니기에 처음 원했던 특성만이라도 안정적으로 나타나는 데서 만족하는 것이 가장 효율적이에요.

육종 기간을 줄이는 방법

품종 하나를 만들기까지 참 오랜 시간이 걸리지요? 과학자들도 당연히 이 기간을 줄이고자 여러 노력을 기울여 왔어요. 가장 간단한 방법은 재배를 빠르게 반복하는 것입니다. 온실에서 키우거나 아예 열대지방으로 씨앗을 가져가서 실험을 진행하기도 해요.

또 다른 방법으로 꽃가루 배양법이 있어요. 수분하지 않은 꽃가루 세포를 배양해서 작물로 키워 내는 것입니다. 멘델이 키웠던 완두콩을 예시로 살펴볼게요. 둥근 완두콩의 유전자는 RR이거나 Rr이에요. 주름진 완두콩의 유전자는 rr만 갖지요. 멘델은 유전자 검사를 할 수 없었을 테니 RR인 개체를 얻으려면 둥근 완두콩끼리 자가 교배를 해봐야 해요. RR 유전자를 가진 둥근 완두콩을 자가 교배하면 둥근 완두콩(RR)인 자손만 나와요. Rr 유전자를 가진 둥근 완두콩을 자가 교배하면 둥근 완두콩(RR 또는 Rr)과 주름진 완두콩(rr)이 모두 자손으로 나타나지요. 둥근 완두콩 계통을 고정한다는 것은 RR을 가진 둥근 완두콩만 확보하는 거예요.

생식세포인 꽃가루는 체세포가 가진 한 쌍의 유전자 중 절반만 갖습니다. 둥근 완두콩인 부모에게서 만들어진 꽃가루의 유전자는 R 또는 r만 갖겠지요. 꽃가루 세포를 배양해서 염색체를 두 배로 만들면 유전자도 두 배가 됩니다. 그렇게 해서 키워 낸 개체가 둥근 완두콩이라면 RR만을, 주름진 완두콩이라면 유전자 rr만을 가질 것이라는 점이 확실하지요. 이렇게 같은 종류의 유전자를 한 쌍으로 갖는 것을 순종 또는 동형접합이라고 해요.

계통을 선발하고 고정하는 것은 동형접합인 계통을 얻는 과정입니다. 실제 육종 과정에서는 완두콩의 모양처럼 한 쌍의 대립유전자만 찾는 것은 아니어서 더 복잡하지만, 꽃가루 배양법을 사용하면 교배를 반복해 계통을 고정하는 시간은 확실히 줄일 수 있어요. 아프리카 기후에 적합한 벼 품종 개발은 이 방법으로 10년 걸릴 육종 기간을 5년으로 획기적으로 줄였어요.

결국 육종 기간을 줄이는 최선책은 유전자를 직접 확인하는 것입니다. 우리는 특정한 사람을 구별하기 위해 지문이나 홍채,

DNA 같은 생체 정보를 이용합니다. 지문이나 홍채는 생체 정보를 추가로 가공할 필요 없이 바로 이용할 수 있어서 비교적 간편하지요. 하지만 지문과 홍채로 혈연관계를 밝혀낼 수는 없어요. 이때 사용하는 것이 DNA 정보입니다.

인간 게놈(Human Genome) 프로젝트는 한 사람이 가진 32억 쌍의 DNA 염기 서열을 모두 밝혀내고 유전자지도를 작성하는 프로젝트였어요. 1990년에 시작해서 2003년에 끝날 만큼 어려운 과제였지요. 2000년대 초반에 한 사람의 모든 염기 서열을 분석하는 데 드는 비용은 약 30억 달러로, 우리 돈으로 4조 원이 훌쩍 넘는 액수였습니다. 지금은 기술이 발달해서 한 사람의 전체 DNA 염기 서열을 분석하는 데 하루도 걸리지 않고, 비용은 약 100만 원 정도예요. 비용은 앞으로 더욱 낮아질 것이라고 해요.

식물의 DNA 염기 서열을 알아내는 것도 이제는 어려운 일이 아니에요. 인간 게놈 프로젝트처럼 중요한 작물의 게놈 프로젝트가 수행되었고, 유전자지도가 작성되었어요. 문제는 어떤 유전자를 갖고 있는지 알아내기는 쉬운데, 그 유전자가 어떤 유전형질과 관련되어 있는지 밝혀내기 어렵다는 점이에요. 과학자들은 한 유전형질에 어떤 유전자가 관여하는지 연구했어요. 하나의 유전형질을 하나의 유전자가 결정한다면 참 편할 테지만, 하나의 유전형질은 대부분 여러 유전자의 영향을 받습니다.

과학자들은 각 유전자가 특정 형질의 결정에 얼마만큼 영향을 미치는지 연구해서 목표 형질을 만드는 데 주요한 역할을 하는 유전자들을 추렸어요. 이 주요 유전자들을 '분자 표지(molecular marker)'라고 불러요. 분자 표지를 확인하면 DNA 전체를 분석할 필요 없이, 또 작물을 키워 보지 않고도 어떤 형질이 나타날지 추정할 수 있어요. 원하는 형질을 가진 개체들을 선발하고 형질을 고정하는 시간을 획기적으로 줄일 수 있습니다. 분자 표지와 유전형질의 연관 관계가 확실할수록 효과는 커집니다.

앞서 8장에서 소개한 신품종 벼 밀양360호도 분자 표지를 활용해 형질을 분석했어요. 벼의 알곡이 커지는 데 큰 역할을 하는 지에스스리(gs3)라는 유전자가 있습니다. 밀양360호는 gs3 유전자를 가지도록 개량한 품종이에요. 이 유전자는 벼 뿌리가 메테인균의 먹이가 되는 물질을 적게 내보내도록 하고, 쌀알은 오히려 굵게 만든답니다.

성큼 다가온 미래 육종 기술

다양한 분자 표지를 동원하면 개체마다 형질 목록을 만들 수 있어요. 유의미한 분자 표지가 늘수록 데이터베이스는 방대해지고

품종 개량을 위한 선택지가 다양해지겠지요. 원하는 품종을 만들기 위한 최적의 교배 조합을 인공지능이 알려 줄 수도 있습니다. 이처럼 분자 표지 데이터베이스에 기초한 육종 기술이 바로 디지털 육종이에요. 디지털 육종을 활용하면 육종 기간을 줄일 수 있을 뿐만 아니라 더 많은 형질을 개선할 수도 있어요.

디지털 육종을 하려면 작물별 분자 표지를 포함한 개체별 유전정보가 모인 데이터베이스를 구축해야 해요. 농촌진흥청은 2027년까지 59개 작물의 육종 정보를 저장하는 디지털 육종 플랫폼을 구축하고 이것을 기업과 연구 기관에 공유할 계획이라고 합니다.

분자 표지를 이용한 육종에서 디지털 육종으로 이어지는 기술 발전은 개체 간 교배에 기초합니다. 이와 달리 유전자 변형을 통해 육종하는 기술도 있습니다. GMO(Genetically Modified Organism, 유전자 변형 생물)와 GEO(Genome-Edited Organism, 유전체 편집 생물)예요.

GMO는 다른 종의 유전자를 넣어 새로운 형질의 작물을 만드는 기술이에요. 2022년 미국에서 시판이 승인된 GMO 식품으로 퍼플 토마토가 있어요. 말 그대로 보라색을 띠는 토마토인데, 보라색을 띠는 색소 안토시안(안토시아닌)이 들어 있기 때문입니다. 안토시안은 항산화 효과가 있는 것으로 널리 알려져 있습니다. 안토시안이 풍부한 대표적 식품이 블루베리랍니다. 퍼플 토

항산화 물질인 안토시안이 풍부한 퍼플 토마토

마토는 금어초로부터 안토시안 관련 유전자를 분리해 넣어 만들었어요. 일반 토마토보다 안토시안 함량이 10배 정도 많은데, 이는 블루베리와 비슷한 수준이라고 해요.

GEO는 외부 유전자를 주입하지 않는다는 점에서 GMO와 구별됩니다. 크리스퍼 유전자 편집 기술을 통해 생물이 원래 가지고 있는 유전자를 변이해 형질이 달라지게 하는 원리예요. GEO 작물로는 고함량 가바(GABA) 토마토가 있어요. 2021년 일본에서 판매가 허용됐어요. 가바(감마-아미노부티르산)는 혈압 상승을 억제하는 기능을 가진 물질이에요. 토마토의 유전체에서 가바 함량이

높아지는 것을 막는 부위를 잘라 내 보통 토마토보다 가바 함량이 4~5배 높아지도록 만든 것이 고함량 가바 토마토입니다.

GMO는 외부 유전자를 집어 넣는다는 점에서 안전성이나 위해성 논란이 있었고, 여전히 거부감이 큰 편이에요. 식품으로서의 안전성에 더해 GMO 작물을 재배하는 것이 생태계에 미칠 영향에 관해서도 논쟁의 여지가 크지요. GEO는 외부 유전자를 도입하지 않는다는 점에서 GMO보다 더 쉽게 허용되고 있어요. 비교적 짧은 기간에 새로운 품종을 개발할 수 있다는 점에서는 GMO와 GEO 모두 매력적인 기술이지만, 인체나 생태계에 미칠 영향에 대해서는 면밀한 검증이 이뤄져야 한다는 주장에도 귀 기울 필요가 있습니다.

10

빅데이터로 똑똑하게!

스마트팜

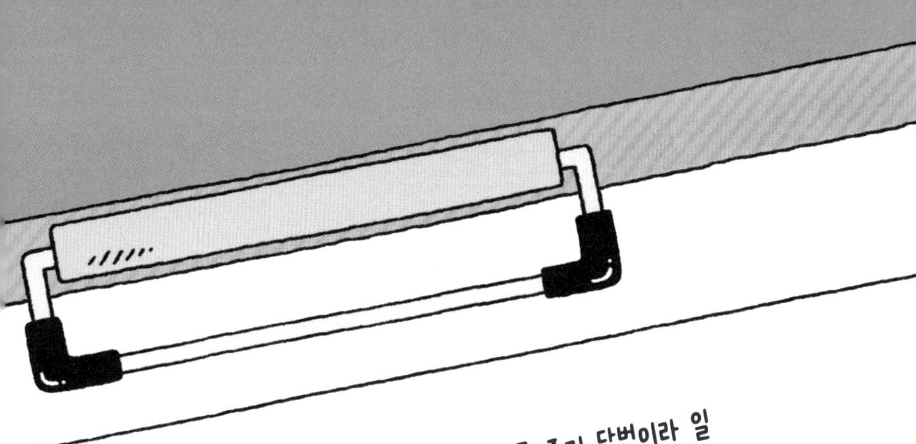

방학이라 늦잠을 자고 싶었는데, 오늘 내가 물 주기 당번이라 일어나 학교에 갔다. 지원이랑 같이 방울토마토랑 가지 밭에 물을 줬다. 낮에 해가 너무 뜨거워서 흙이 금방 말라 버릴 것 같은데, 개학할 때까지 토마토랑 가지가 잘 견뎌 주면 좋겠다. 저녁에 물을 주면 덜 마르지 않을까? 물이 마르지 않게 지붕이라도 만들어 씌워 주고 싶다. 방학 중에도 텃밭을 돌보는 내가 대견하다.

다음 물 주기 담당 친구들에게 연락하기!

스프링클러 같은 장치에 타이머가 있으면 방학 때 나오지 않아도 될 텐데, 많이 비쌀까? 이왕이면 양분이 들어 있는 물을 자동으로 줄 수 있으면 좋겠는데, 그런 장치는 없을까?

환경 순응에서 환경 제어로

농사는 하늘이 짓는다는 말이 있어요. 햇빛이 비치는 시간, 햇빛의 세기, 비의 양, 온도, 바람 등 농사에 중요한 환경조건은 많은데, 어느 것 하나 사람 뜻대로 할 수 있는 것이 없습니다. 작물의 종류도 마음대로 고를 수 없어요. 농사는 언뜻 보면 원하는 식물을 골라 집중적으로 키우는 일 같지만, 그 지역의 환경조건에 잘 적응한 작물 중에서 선택해야 합니다. 농사를 잘 지으려면 여러 환경조건을 이해하는 일이 중요해요. 시간의 흐름에 따라 환경조건이 어떻게 달라지는지, 환경조건이 내가 키우는 작물에 어떤 영향을 미치는지를 먼저 살펴보아야 하지요.

예를 들어, 봄이 되어 날씨가 따뜻해졌다고 해서 부지런히 씨앗을 뿌렸다가는 어린 작물이 냉해를 입을 수 있어요. 냉해는 새벽 온도가 5℃ 내외로 낮아져서 식물의 생장이 느려지거나 멈추는 경우를 말해요. 서리가 내려 냉해를 입기도 해요. 차가워진 수증기가 식물에 닿아 응결되면서 얼어 버린 것이 서리예요. 기온이 영하로 떨어지지 않는 봄이나 늦가을에도 서리가 내릴 수 있어요. 땅은 빨리 식기 때문에 지표면의 공기층은 거의 0℃에 가까워지거든요. 특히 고추, 토마토, 가지와 같은 고온성 작물은 냉해에 주의해야 해요. 그러니 서리가 내리지 않는 입하(5월

5~6일경)라는 절기가 농사에 중요했지요. 지금이야 달력도 있고 시기별로 기상 정보가 자세하게 제공되지만, 옛날에는 계절의 변화가 반영된 절기를 고려해 농사를 지었습니다.

과학기술과 함께 농업기술이 발달하면서 이제는 환경조건에만 의존하지는 않습니다. 환경조건을 적절히 이용하고 관리하게 되었지요. 대표적인 예가 비닐하우스예요. 비닐하우스는 햇빛을 이용해 온도를 높일 수는 있어 겨울이나 이른 봄에도 냉해 입을 걱정 없이 농사를 지을 수 있어요. 다만 햇빛에 의존하는 시설이라 독자적으로 환경조건을 조절하거나 유지할 수는 없어요. 이처럼 비닐하우스나 온실은 외부 환경과 다른 조건을 만들 수는 있지만, 원하는 대로 환경조건을 제어할 수는 없습니다. 기존의 비닐하우스나 온실보다 더 많은 환경조건을 정밀하게 제어해서 농사짓는 시설을 '식물 공장'이라고 부릅니다. 식물 공장에서는 어떤 조건들을 어떻게 제어하고 있을까요?

자연광을 이용하는 식물 공장

식물이 자라는 데 가장 중요한 환경조건은 빛이에요. 강한 빛을 오래 받을수록 식물은 광합성을 많이 할 수 있어요. 광합성량은 고스란히 식물이 생장하고 열매를 맺는 데 사용이 되기 때문에 충분히 강한 광원을 확보하는 것이 농사에서 아주 중요합니다. 그렇지만 빛이 강하다고 무조건 좋은 것은 아니에요. 잎을 이루는 세포 속에는 엽록체라는 작은 공장이 있어요. 이 엽록체에서 광합성이 이뤄집니다. 엽록체의 수는 정해져 있고, 잎의 광합성량에도 한계가 있어요. 그래서 식물마다 '광포화점'을 갖게 돼요. 광포화점이란 광합성량이 더는 늘어나지 않는 시점에서의 빛의 세기입니다. 광포화점을 넘어서는 강한 빛은 오히려 식물에 해롭습니다. 엽록체를 망가뜨려 광합성량을 감소시키는 광저해를 일으키거든요.

빛과 관련된 또 다른 조건으로 일조시간이 있습니다. 잎이 하루 동안 얼마나 오래 태양광을 받는지 의미해요. 일조시간의 변화는 식물이 활발하게 생장을 해야 할지, 생장을 멈추고 휴면에 들어갈지, 꽃을 피우거나 열매를 맺어야 할지를 결정하는 기준이 됩니다. 이를테면 여름에 꽃이 피는 식물을 장일식물이라고 하는데요. 장일식물은 일조시간이 12~14시간 정도로 길어지면 그 변화를 감지하고 꽃을 피워요.

자연광 식물 공장은 광원의 대부분을 햇빛에 의존합니다. 햇빛을 대체할 광원은 마땅치 않아요. 햇빛은 공짜라는 점도 매력이고, 오랫동안 식물이 이용한 자연산 에너지예요. 특히 토마토

같은 열매채소는 강한 빛이 필요해서 햇빛을 주광원으로 삼는 것이 유리해요. 그래서 이러한 열매채소는 자연광을 이용하는 식물 공장에서 재배합니다. 햇빛의 양이 부족하면 인공 광원으로 빛을 보충해요. 인공 광원으로는 주로 HID(high-intensity discharge lamp, 고강도 방전등)를 사용합니다. 햇빛보다는 약하지만 LED나 형광등보다 강한 빛을 내서 빛의 양을 보완하기에는 충분해요.

식물 공장은 외부 환경과 단절되어 있어요. 외부로부터 공장으로 들어오는 공기는 필터와 자외선을 통과한 '특수한' 공기입니다. 물도 걸러서 원하는 수질을 갖추고요. 외부의 온도, 습도와는 다른 상태를 유지하는 '다른 세상'이에요. 그래서 식물 공장을 폐쇄형 구조라고 말합니다.

폐쇄형 구조이기에 여름철 냉방이 가장 큰 과제예요. 빛의 양은 차광막으로 차단하면 되지만, 온도를 조절하려면 효과적인 냉방 방식을 이용해야 하지요. 먼저 적외선 반사 필름을 써서 가시광선과 자외선만 투과하는 방법이 있어요. 적외선은 광합성에 필수적이지 않은 파장의 빛인 데다 주로 열에너지를 전달하기 때문에 걸러 내지요.

비용 때문에 사용하기 어려운 일반적인 에어컨 대신 물의 높은 기화열을 이용합니다. 식물 공장 안에서는 공기 순환이 계속 일어나는데요. 공장 안으로 주입하는 공기에 미세한 물방울을 뿌려 주면 물방울은 열기를 흡수하면서 기화되고 수증기를 머금은 공기는 식물 공장 밖으로 나가게 돼요. 식물 공장 안으로 들어오는 공기가 건조할수록 효과가 커요.

난방은 냉방보다는 조절이 수월한 편이에요. 겨울철에는 낮의 길이가 짧아서 인공 광원 사용량이 늘어나는데요. 인공 광원으로 쓰는 HID가 열을 많이 내뿜습니다. 저렴한 심야 전기를 이용해서 HID를 틀어 두면 일조시간을 늘리고 난방 효과도 볼 수 있지요. 냉난방 모두에 이용하는 지열 시스템도 있습니다. 땅속 온도는 계절에 상관없이 13~15℃로 일정하게 유지됩니다. 여름에는 기온보다 더 시원하고 겨울에는 기온보다 더 따뜻하지요. 땅속에 열교환기를 두고 지상의 공기를 땅속으로 보내면, 열교환기를 통해 여름에는 더 시원한 공기로, 겨울에는 더 따뜻한 공기로 바꿀 수 있어요.

식물 공장에서는 작물을 흙에서 재배하기도 하지만, 양분을 정확하게 공급하고자 양액을 사용한 수경 재배를 많이 해요. 양액이란 생장에 필요한 양분을 녹인 배양액을 말해요. 양액 저장 탱크에서 필요한 농도의 양액이 만들어지면 양액은 작물들로 흘러갔다가 작물을 모두 돌고 나서 다시 저장 탱크로 돌아옵니다. 마치 우리 몸을 순환하는 혈액과 비슷해요. 양분이 지하수로 스며들거나 하천으로 흘러가 오염을 일으킬 일도 없지요. 물

수경 재배 토마토. 높게 심어 쉽게 작업할 수 있도록 했다.

과 비료를 효율적으로 사용해서 일반적인 농사법보다 사용량이 줄고요. 노지 재배를 할 때처럼 흙의 건강한 구조나 양분 함량을 관리하는 데 들이는 노력과 수고도 필요 없어요.

또한 수경 재배를 하면 토마토 뿌리의 위치를 더 높은 곳에 둘 수 있어 사람이 수월하게 작업할 수 있습니다. 식물 공장이라고 해서 사람의 손길이 필요 없는 것은 아니에요. 땅에 심으면 허리를 구부리고 몸을 낮춰야 하는데, 작업 높이가 높아지면 노동 효율이 높아지겠지요.

빛까지 통제하는 인공광 식물 공장

인공광 식물 공장은 자연광 식물 공장보다 환경 제어가 더 정밀하게 이뤄져요. 자연광 식물 공장은 햇빛에 의존하기에 날씨의 영향을 많이 받지만, 인공광 식물 공장은 거의 완전하게 외부 환경과 단절되어 있기 때문이에요. 인공광으로는 LED(light-emitting diode, 발광 다이오드)를 주로 써요. LED는 광합성에 효율적인 특정 파장의 빛을 낼 수 있어요. 작물의 종류에 따라 광합성에 선호하는 파장이 다르거든요. LED는 HID처럼 강하지는 않아서 잎채소를 키우기에 적합해요. 잎채소와 LED 사이의 거리를 가깝게 두기 때문에 여러 단을 쌓아 재배하는 것이 가능합니다. 마치 아파트 같지요.

인공광 식물 공장은 조명을 계속 사용하기 때문에 상대적으로 난방비는 적게 들어요. 반면 냉난방을 포함해 공기 상태를 더 적극적으로 관리합니다. 온도, 습도, 이산화탄소 농도, 공기의 흐름, 먼지나 바이러스 같은 이물질 제거까지도 일정한 상태를 유지해요. 실내로 들어오는 공기는 필터, UV 살균 등을 거치고요.

광원과 공기 조절만 가능하면 식물 공장은 지하에서도 운영할 수 있습니다. 남극의 세종기지나 사막 한가운데서도 신선한 채소를 키울 수 있어요. 지하철역에서도 가능하고요. 도심의 샐

수직 다단형 농장의 모습

러드 가게는 가게 안에서 직접 키운 신선한 채소로 샐러드를 만들 수 있어요. 심지어 최근에는 옷장처럼 집 한쪽에 놓아둘 수 있는 소형 재배기도 출시되었어요.

환경을 정밀하게 제어할 수 있으니 공간을 나누어 효율성을 높이고, 일종의 생산 라인을 구축하는 것도 가능합니다. 씨앗에서 싹을 틔우는 발아실, 모종을 키워 내는 육묘실, 작물을 키우는 재배실 등을 만들고 각 공간을 목적에 맞게 따로따로 환경 제어를 하는 거예요.

인공광 식물 공장에서는 잎채소를 주로 재배하고, 또 단기간에 수확할 수 있도록 재배 조건을 최적화했기 때문에 짧은 기간에 여러 번 거두어들일 수 있습니다. 사시사철 끊이지 않고 수확하게끔 발아부터 수확까지 시차를 두고 차례차례 진행해 생산량을 늘려요. 또 수직 다단형이기 때문에 같은 면적 대비 생산량이 많지요.

식물 공장과 스마트팜은 뭐가 다를까

식물 공장과 스마트팜은 언뜻 비슷하게 여겨질 수도 있지만, 강조점이 달라요. 식물 공장은 환경을 제어해 안정적인 생산이 가능한 상태를 유지하는 시스템을, 스마트팜은 환경 제어보다는 정보의 활용을 강조해요. 물론 식물 공장은 대부분 스마트팜일 가능성이 커요. 환경 제어를 하려면 대개 센서를 설치해서 환경 조건을 확인해야 하기 때문이지요.

사람이 일일이 측정할 수도 있는데, 왜 비싼 돈을 들여 센서를 개발하고 설치하는 걸까요? 다양한 환경조건을 확인하는 데에는 센서를 이용하는 것이 효율적이기 때문입니다. 여러 환경조건을 측정해 저장할 수도 있어요. 상상해 보세요. 식물 공장 안에 온도계를 여러 군데 설치해 두고 동시에 온도 값을 읽으려면

온도계 개수만큼 사람이 필요하겠지요? 반면에 각 위치에 센서를 설치한다면 동시에 각각의 값을 측정해 즉시 정보로 만들 수가 있어요. 원한다면 1분마다 기록을 남기는 일도 가능하지요.

또 센서가 만든 정보는 공유와 가공이 쉬워요. 디지털 정보이기 때문이에요. 아날로그 정보는 그 자체로는 정확한 정보이지만 공유가 어렵지요. 정보의 종류가 많고, 각 환경조건이 서로 영향을 주고받는 복잡한 관계라면 정보를 실시간으로 공유하고 종합하는 일은 더욱 중요해요.

예를 들어 볼까요? 온도라는 조건은 다른 환경조건과 관련이 커요. 빛이 너무 세서 온도가 올라간다면 냉난방기를 조작하는 것과 동시에 차광막을 작동해야 해요. 차광막을 내려 광합성량이 달라지면 이산화탄소 농도와 습도도 그에 맞춰 달라져야 하고요. 동시에 고려해야 할 조건이 많아질수록 의사결정을 내리기가 어려워집니다. 센서를 통해 만들어진 디지털 정보는 프로그램을 통해서든 인공지능을 통해서든 종합적이고 정밀한 대응을 가능하게 합니다.

스마트팜에서는 환경조건뿐 아니라 작물의 상태에 대한 다양한 정보도 함께 측정하고 수집해요. 토마토를 기르고 있다면 줄기의 생장 속도, 줄기의 굵기, 열매가 맺히는 가지의 수, 하나의 가지에 맺히는 열매의 수, 토마토가 익은 정도 등 방대한 정보가 만들어집니다. 환경조건과 작물의 생육에 관한 정보의 모음을 '데이터 세트(data set)'라고 불러요. 한 농장의 데이터 세트가 축적되고, 여러 농장의 데이터 세트가 모이면 최적화된 재배 모델도 만들어 낼 수 있어요. 이렇게 만들어진 모델은 다시 각 스마트팜이 활용할 수 있는 정보로 돌아가게 됩니다.

특정 작물을 재배하는 기술은 농부 개개인의 경험적 지식이었기에 표준화된 모델을 만들고 다른 농부에게 전달하기가 어려웠어요. 하지만 작물 데이터 세트를 활용하면 농부들 사이의 지식과 경험의 격차를 보완할 수 있어요. 더 많은 농가가 농사를 잘 지을 수 있도록 돕는다는 면에서 스마트팜 기술과 스마트팜을 통해 쌓일 정보들은 큰 가치가 있습니다.

스마트팜이 활성화되려면 충분한 데이터 세트가 축적되어야 합니다. 서로 다른 조건의 다양한 농장으로부터 데이터 세트가 모인다면 더욱 유의미하겠지요. 농촌진흥청에서 운영하는 '데이터 마트' 사업의 목적도 여기에 있어요.

데이터 마트란 사용자가 데이터를 활용할 수 있도록 공개해 놓은 데이터베이스를 말해요. 농촌진흥청은 데이터 수집 사업을 통해 수집한 다양한 데이터를 데이터 마트에 제공하고 있습니다. 방울토마토, 참외, 딸기 등 여러 작물의 환경, 재배 정보를 누구나 자유롭게 열람하고 활용할 수 있어요. 민간에서도 스마

데이터 마트
흠.....
날씨
작물 정보
병충해
친환경
비료 사용
오늘의 쇼핑 끝!

트팜 빅데이터 플랫폼을 구축해 개별 농장에서 생산된 데이터를 수집하고 분석해서 농민이나 기업이 활용할 수 있도록 제공하고 있습니다.

스마트팜은 미래의 희망일까

스마트팜의 핵심이 정보의 수집과 활용이라면 스마트팜은 노지에서도 가능해요. 예를 들면, 과수원에서 토양 수분 센서를 이용해 토양 수분에 대한 정보를 수집할 수 있겠지요. 그러면 일조량이나 습도 변화를 고려해 자동으로 토양에 물을 공급하는 관수 시스템을 운영할 수 있어요. 과수원에서 꽃이 피는 시기의 서리 피해를 막고자 사용하는 열풍방상팬도 데이터와 접목하면 훨씬 더 효과적으로 활용할 수 있어요. 열풍방상팬은 6m 정도의 높이에 설치된 회전날개인데, 위쪽의 더운 공기를 아래로 내려보내는 강제 순환을 통해 따뜻한 바람을 과일나무의 가지 쪽으로 보내는 장치예요. 환경조건과 생육 상태 관련 정보에 기초해서 이를 사용하면 농사 기술의 활용도 한층 스마트하게 이뤄질 수 있지요.

이처럼 정보 통신 기술을 활용한 스마트팜은 시설이든 노지

데이터센터의 모습. 2023년 말 기준 국내 데이터센터는 150개로, 용량은 약 2GW이다.

이든 물, 비료, 농약, 연료, 전기에너지 등의 자원 사용을 최적화해 효율적으로 사용할 수 있도록 돕습니다. 생산량 대비 자원 사용량을 아낄 수 있다는 측면에서 스마트팜은 생태적이라고 말할 수 있겠지요.

하지만 그 대가로 막대한 양의 전기에너지를 소모한다는 점을 기억해야 합니다. 개별 농장의 설비에 더해 중앙에서 디지털 정보를 수집 및 저장하고 처리하는 데이터센터를 유지하는 것까지 고려하면 전기 사용량은 더욱 증가합니다. 데이터양에 비례해 전기에너지가 소모되는 셈인데요. 데이터센터의 전기 사용량은 어느 정도일까요?

우리나라 소재 데이터센터는 1개당 연간 평균 25GWh(기가와트시)의 전력을 사용하는데, 이는 6,000가구(4인 가구 기준)가 쓰는 양과 맞먹어요. 농업뿐 아니라 여러 분야에서 인공지능 활용이 계속 늘어남에 따라 앞으로 더 많은 데이터센터가 필요하겠지요. 국회입법조사처에 따르면 2029년까지 기업들이 요청한 대로 데이터센터를 모두 지으면, 이를 운용하기 위해 1GW급 원자력발전소 53기를 추가로 건설해야 합니다. 참고로 현재 우리나라 원자력발전소가 만들어 낼 수 있는 전력량을 다 합치면 26GW 규모예요.

전기에너지 사용량이 증가하는 것 자체도 문제이지만, 화석연료로 만들어지는 전기에너지에 대한 의존도가 높다는 점이 큰 문제예요. 비단 농업 분야뿐만 아니라 많은 영역에서 탄소 배출 감소를 위한 전기화가 이뤄지고 있는데요. 정작 그 전기에너지를 만드는 데에 막대한 탄소가 배출되고 있다는 사실은 간과되고 있어요. 그렇기에 친환경 재생에너지의 비중을 높여 나가는 일도 중요합니다.

농업의 규모도 고려해야 합니다. 스마트팜은 센서와 정보 처리 설비, 환경 제어 설비를 갖춰야 해서 농지 규모가 일정 이상

일 때 경제적으로 유리해요. 그런데 우리나라는 경지면적이 작은 소농이 중심이 되는 구조입니다. 또 초기 자본이 많이 들어가는 점도 일반 농민에게는 엄청난 부담이 됩니다. 반면 무경운 농법이나 유기농법을 적용하기에는 소농이 유리하지요. 진짜 스마트하려면 생태 전환과 기후 위기를 고려한 기술이 필요해요. 어쩌면 인공지능보다 더 필요한 것은 생태 지능일지 모르겠어요.

11

밭에서 연료를 키우다

바이오 연료

년 7월 일

오늘의 날씨

오늘의 텃밭

내일의 할 일

궁금한 텃밭

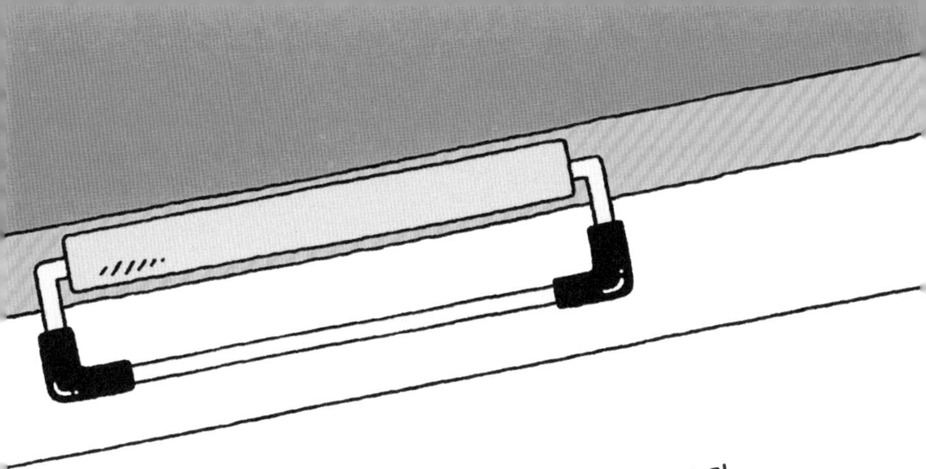

방학 중에는 우리가 텃밭을 돌보기 힘들기 때문에 방학 전에 미리 텃밭을 정리했다. 많이 자란 상추는 뿌리째 뽑아서 치웠다. 관리가 잘 안 되면 장마에 병이 생길 수도 있다고 선생님이 말씀하셨다. 2학기에도 계속 수확할 방울토마토랑 가지는 큰 잡초들만 뽑았다. 가지는 지지대에 한 번 더 묶어 줬다.

방학하기 전에 잡초 한 번 제거하기
방학 동안 물 주기 순번 확인하기

수확하고 밭에 남은 식물 줄기랑 잎은 애써 키운 것이라 아깝다는 생각이 들었다. 활용할 수 있는 방법은 없을까? 갈아서 퇴비로 만든다거나 지렁이 먹이로 주는 방법도 있을 것 같다.

사람이 이용한 에너지원

에너지 음료에는 진짜 에너지가 들어 있을까요? 에너지 음료를 마셨을 때 정신이 깨어나는 각성 효과는 당분과 카페인의 합작품입니다. 바로 당분에 에너지가 들어 있지요. 자동차를 움직이거나 스마트폰에서 음악을 재생할 수는 없지만, 우리 몸의 세포가 스스로 생명 활동을 유지하는 데 쓸 수 있는 에너지예요.

인간은 에너지원을 다른 생물에게서 얻습니다. 생산자는 햇빛을 이용해 자신의 에너지원을 자급자족하지만, 인간은 그런 능력이 없어 생산자에게 의지해야 해요. 먹이그물은 언뜻 강한 포식자가 약한 피식자를 먹이로 삼는 관계처럼 보이지만, 에너지 공급 면에서 보면 포식자는 피식자에게 전적으로 의존하는 모양새입니다. 생명 활동을 위한 에너지원을 우리는 식량이라고 불러요. 사람이 사용하는 도구에 쓰이는 에너지원은 연료라고 하지요. 사람은 식량과 연료 모두 생산자에게 의존해 왔어요. 사람이 이용한 연료에 어떤 것들이 있는지 한번 살펴볼까요?

사람이 가장 먼저 이용한 연료는 마른 풀과 나무였어요. 불을 피우는 연료였지요. 불 덕분에 석기시대에서 청동기시대로, 청동기시대에서 철기시대로 나아갈 수 있었어요. 철을 녹이려면 1,200℃ 이상의 높은 열을 낼 수 있는 연료가 필요했어요. 인간

바이오 연료

은 숯을 발명합니다. 숯은 산소를 최대한 차단하고 500~600℃ 정도의 고온에서 나무를 태워서 만들어요. 나무의 수분이 빠져나가 무게가 줄어드는 대신, 탄소 비율이 높아져요. 다른 원소보다 탄소의 비율이 높아지는 것을 탄화되었다고 말해요. 탄화되면 보통 에너지 밀도가 높아집니다. 에너지 밀도란 같은 양의 연료가 낼 수 있는 에너지양을 의미해요. 나무의 에너지 밀도가 1kg당 15~18MJ(메가줄)인 데에 비해 숯은 1kg당 29~34MJ입니다. 약 두 배 차이가 나지요.

숯은 높은 열을 내지만 만들기가 까다로워요. 얻는 양도 적어서 1kg의 나무로 300g의 숯을 만들 수 있어요. 철을 더 많이 녹이려면 밥 짓기와 난방을 포기해야 했지요. 숯을 대체한 것은 석탄이었습니다. 육상식물이 산소가 부족한 습지에 쌓이면 썩지 않은 채로 퇴적됩니다. 이 퇴적물이 수천만 년 동안 열과 압력을 받아 탄화되면 석탄이 만들어져요. 산업혁명을 거치면서 석탄의 사용이 급증했어요. 지구와 시간이 만들어 놓은 석탄을 캐서 쓰는 것은 숯을 가공하는 것보다 더 손쉬운 일이거든요.

엔진 같은 내연기관이 도입되면서 석탄보다는 석유의 사용이 늘어났어요. 액체 상태인 석유가 석탄보다 운반하고 저장하기에 편리하거든요. 게다가 석유는 석탄보다 1.4배가량 높은 에너지 밀도를 갖고 있어요. 석유는 강이나 바다에 퇴적된 유기물에서 비롯되었어요. 동물의 사체도 포함될 수 있지만, 대개 플랑크톤 같은 미생물의 사체가 썩지 않고 퇴적됩니다. 지층이 형성되고 압력과 열을 받으면 석유나 천연가스가 될 수 있는 중간물질인 케로겐이 만들어져요. 이 과정 또한 수천만 년이 걸립니다.

케로겐이 또다시 오랜 시간 열과 압력에 노출되면 석유나 천연가스로 변해요. 케로겐이 60~150℃ 정도에서 열분해가 이루어지면 액체 상태인 석유가 됩니다. 150℃ 이상의 온도에서는 분자량이 더 적어지면서 메테인이 주성분인 천연가스가 돼요. 석탄, 석유, 천연가스는 모두 다 화석연료이지만, 기원한 유기물의 종류와 변성 조건(열과 압력)에 따라 특성이 달라요.

도시가스나 버스 연료로 쓰이는 CNG(압축 천연가스)는 석유보다 대기오염 물질을 더 적게 배출해서 상대적으로 청정 연료로 분류되고 최근 많이 사용하고 있습니다. 하지만 천연가스는 기체라서 부피가 크다는 것이 단점이에요. 같은 부피라면 석유의 에너지 밀도가 더 높고, 기체보다 액체가 저장과 운반이 더 편리하기에 연료로서의 가치는 아직은 석유가 더 높습니다.

화석연료는 적은 양으로도 많은 에너지를 낼 수 있고 무엇보다 거의 공짜예요. 물론 채굴하고 정제하는 수고가 들지만, 화석연료가 공급하는 에너지양을 따지면 싼 가격으로 사용해 왔어요.

화석연료는 이제 기후 위기의 주요 원인으로 꼽힙니다. 싸고

효율적이라는 이유로 무분별하게 사용한 결과이지요. 화석연료 의존도를 낮추려고 전기차나 수소차 등이 보급되고는 있지만, 2024년까지 우리나라에 등록된 차량 2,600만 대 중 전기차와 수소차는 2.7% 정도에 불과합니다. 하이브리드차를 포함해 화석연료를 사용하는 차량이 97.3%인 셈이에요. 아직까지 자동차의 주요 연료는 화석연료예요. 전기는 원자력, 태양광, 풍력과 같은 대체 에너지원으로 생산할 수 있지만, 전력 생산에서도 여전히 화석연료의 의존도가 높아요. 국제에너지기구(IEA)에 따르면 2023년 세계 전력의 60%가 화석연료로 만들어졌고, 세계 에너지 수요의 80%를 화석연료로 충당하고 있답니다.

소똥도 연료가 될 수 있다

나무, 숯, 화석연료 등은 공통점이 있어요. 바로 생물의 몸을 이루는 유기물에서 비롯되었다는 점이에요. 살아 있는 생물의 총량을 바이오매스(biomass, 생물량)라고 해요. 생물이 태어나거나 성장하면 생물량은 늘어나는 반면에 죽거나 몸 일부를 잃으면 생물량은 줄어들어요. 생물량을 유지하며 일부분을 적절히 활용해야 지속적인 에너지원이 될 수 있어요.

생물에서 유래된 유기물을 에너지원으로 활용하면서 바이오매스의 뜻이 달라졌어요. 요즘은 바이오매스라고 하면 생물량보다 더 포괄적인 의미로, 햇빛에서 비롯한 생물 유기체를 통틀어 가리키는 말로 사용합니다. 현재 살아 있는 생물이 아니어도 생물에서 유래한 것은 모두 바이오매스에요.

바이오매스를 통해 얻은 에너지를 바이오 에너지라고 해요. 바이오 에너지는 태양광이나 풍력과 같이 재생에너지로 분류합니다. 물론 바이오 에너지도 결국 탄소화합물인 바이오매스가 분해되는 것이라 화석연료처럼 이산화탄소를 배출해요. 그런데 왜 재생에너지라고 할까요?

수천 년, 수억 년에 걸쳐 만들어진 화석연료는 일단 사용하면 원래대로 되돌리는 것(재생)이 불가능해요. 그러나 유기물은 생물을 통해 재생할 수 있어요. 물론 어느 생물을 이용하느냐에 따라 재생 기간은 차이가 납니다. 볏짚은 추수 후 1년 정도면 다시 얻을 수 있지만, 목재는 나무를 키우기까지 수십 년이 걸려요. 그럼에도 바이오매스는 재생된 만큼 탄소 흡수가 이뤄지기 때문에 탄소 배출이 없는 것으로 간주합니다. 바이오매스는 지구에 생물이 존재하는 한 탄소 배출 없이 사용할 수 있는 지속 가능한 에너지원이에요.

연료가 될 수 있는 바이오매스로는 어떤 것들이 있을까요? 옥

바이오 연료

수수, 사탕수수, 고구마 등은 탄수화물 함량이 높은 바이오매스예요. 식물은 광합성을 통해 만든 단당류를 녹말이나 설탕 같은 탄수화물로 바꾸어 줄기, 뿌리, 열매 등에 저장하기 때문에 이 성분을 주원료로 사용하는 것입니다. 해바라기 씨, 대두(콩)는 식물성 지방의 함량이 높아요. 씨앗이나 열매에서 얻은 기름은 연료로 이용할 수도 있어요. 기름야자 열매에서 짜낸 팜유도 마찬가지예요.

작물만 바이오매스인 것은 아니에요. 식량 자원이 연료로 쓰이는 일을 피하고자 비식량 바이오매스를 활용하려는 시도가 늘고 있어요. 설탕을 얻고 남은 사탕수수 찌꺼기는 바이오 가스의 원료로 활용할 수 있어요. 돼지, 오리 등 가축의 고기를 가공하는 과정에서 생기는 부산물에서 동물성 기름을 얻을 수도 있어요. 목재를 가공하는 과정에서 생기는 부스러기나 톱밥도 활용이 가능해요. 높은 온도와 압력으로 압출해 펠릿이라고 부르는 연료를 만듭니다.

심지어 소나 돼지 같은 가축의 똥도 원료로 사용됩니다. 목축업을 하는 유목민은 예부터 소의 마른 똥을 땔감으로 사용해 왔어요. 초원에서는 땔감으로 쓸 나무가 부족하기 때문입니다. 오늘날에는 가축을 대량 사육하기 때문에 엄청난 양의 가축 분뇨가 발생하는데요. 이것을 활용하면 퇴비와 함께 바이오 가스를 얻을 수 있어요. 더 범위를 넓혀 보면 음식물 쓰레기, 하수 처리 과정에서 생겨나는 슬러지(침전물)도 유용한 원료가 됩니다.

밭에서 키우는 연료

바이오 디젤은 디젤(경유)을 대체할 수 있는 바이오 연료예요. 생물에서 얻은 기름이 메탄올과 반응하면 지방산 메틸 에스테르

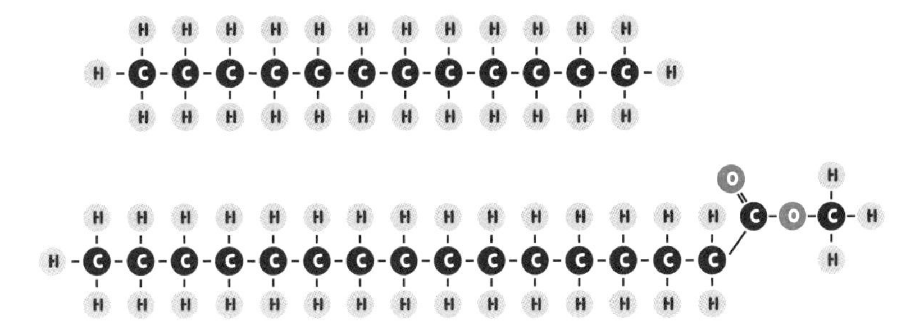

디젤(위)과 바이오 디젤(아래)의 분자 사슬 구조

(FAME, fatty acid methyl ester)라는 물질이 만들어지는데요. 이 FAME의 구조가 디젤의 사슬형 탄화수소와 유사하기에 디젤을 대체할 수 있어요.

바이오 디젤의 주원료는 식물성 기름이에요. 경제협력개발기구와 유엔 식량농업기구에서 발표한 〈농업 전망 보고서 2024-2033〉에 따르면 바이오 디젤 원료 중 65%가 식물성기름으로, 팜유(30%), 대두유(20%), 유채씨기름(11%)이 대부분이에요. 밭에서 길러 낸 작물에서 원유를 뽑아내는 것이지요. 한편 폐식용유도 주원료로, 27%를 차지하고 있어요. 버려지는 폐식용유를 활용하는 것은 바이오 디젤의 큰 장점이라고 할 수 있습니다.

바이오 디젤은 디젤보다 장점이 많아요. 바이오 디젤은 유기

탄소화합물이라서 미생물이 분해할 수 있어요. 또 저장도 한결 쉬워요. 불이 붙을 수 있는 온도를 인화점이라고 하는데, 바이오 디젤의 인화점(150℃)이 경유(50~90℃)나 휘발유(43℃ 이상)보다 높아 불이 잘 붙지 않거든요. 휘발유는 말 그대로 잘 휘발되어서 폭발의 위험도 커요. 그리고 바이오 디젤은 경유와 달리 황 같은 물질을 거의 포함하지 않아서 연소할 때 발생되는 배기가스가 더 깨끗해요.

물론 단점도 있습니다. 바이오 디젤은 5℃ 이하로 기온이 떨어지면 점성이 강해져요. 디젤 엔진에서 연료는 자유롭게 흘러야 하는데, 우리나라처럼 겨울이 추운 곳에서는 큰 약점이 되지요. 시동이 잘 안 걸리거든요.

그럼에도 장점이 많아서 바이오 디젤은 널리 사용되고 있어요. 우리나라는 2021년부터 경유에 바이오 디젤을 3.5% 섞어서 공급하도록 혼합의무제도를 시행하고 있어요. 바이오 디젤이 5% 혼합된 경유를 B5, 10% 혼합된 경유를 B10이라고 부릅니다. 바이오 디젤을 많이 사용하는 유럽연합의 경우 B7을 주로 쓰고 있어요. 주요 팜유 생산국인 인도네시아는 B35를 이미 사용하고 있고, 대두유를 활용하는 브라질은 B14를 사용하고 있어요. 나라마다 바이오 디젤 생산력과 정책이 다르지만, 바이오 디젤의 수요는 계속 늘어나는 추세입니다.

수요가 늘자 바이오 디젤 생산기술도 날로 발전하고 있어요. 바이오 디젤에 수소화 처리를 해 수소 비율을 높이고 불순물을 없애는 열분해 공정을 거친 것을 재생 디젤(HVO, hydrotreated vegetable oil)이라고 해요. 재생 디젤은 경유와 그 특성이 거의 동일해서 생산량이 충분하고 가격만 적정하다면 경유를 대체할 수 있어요. 바이오 디젤은 아직 경유보다 가격이 비싸거든요. 보통 경유가 1리터당 1,500원 정도라면 바이오 디젤(B100)은 2,000원 정도입니다. 바이오 디젤의 시장 규모가 아직은 경유만큼 크지 않고, 팜유나 대두유 같은 농산물 원료의 가격이나 공급량에 영향을 많이 받기 때문이지요. 앞으로 바이오 디젤 시장이 커지고 생산량이 증가하면 가격은 더 내려갈 것으로 예상합니다.

미생물에게서 얻는 바이오 연료

세균, 효모 등 미생물은 유기물을 분해하는데, 이들의 능력을 이용해 바이오 연료를 만들 수 있습니다. 미생물은 호흡 방식에 따라 호기성과 혐기성으로 구분해요. 눈에 보이지 않는 미생물이지만, 사람은 오랫동안 미생물의 혐기성 호흡을 이용해 왔어요. 혐기성 미생물은 사람이 만들 수 없는 유기물을 만들어 내기 때문이에요.

호기성과 혐기성은 어떻게 다를까요? 산소를 이용해 호흡하는 호기성 생물은 포도당을 완전히 분해해요. 포도당을 구성하는 6개의 탄소가 모두 쪼개어지면 포도당 1분자는 6분자의 이산화탄소로 바뀝니다. 이렇게 2개 이상의 탄소로 구성된 탄소화합물이 남지 않은 것을 완전 분해라고 해요. 혐기성 조건에서 호흡하면 생물은 불완전 분해를 해서 이산화탄소가 아닌 탄소화합물이 만들어져요.

혐기성 호흡을 통해 생기는 물질이 인간에게 이로우면 발효, 해로우면 부패라고 부릅니다. 예를 들어, 김치가 익으면서 유산균(또는 젖산균)은 젖산을 만들어요. 젖산은 김치의 시큼한 맛을 만드는 주역이지요. 아세트산균이 만드는 아세트산(초산)은 식초의 주성분이에요. 미생물을 이용해 우리가 원하는 물질을 얻는 것은 젖소에서 우유를 얻는 일과 다름없어요. 어떤 기계나 화학반응보다 효율적인 생물의 몸은 고밀도 화학 공장이에요.

바이오 연료도 미생물의 호흡을 통해 얻을 수 있어요. 바이오 메테인과 바이오 에탄올이 대표적입니다. 바이오 메테인은 바이오매스에서 만든 메테인만을 특별히 가리키는 말이에요. 바이오매스가 산소가 없는 환경에서 혐기성 미생물에 의해 분해되면 메테인과 이산화탄소가 섞인 기체가 발생하는데, 이를 바이오

가스라고 불러요. 이때는 탄소랑 수소의 결합이 미처 끊어지지 않아 덜 산화된 메테인과 이산화탄소가 발생해요. 에너지는 화학결합이 끊어지는 만큼 발생하기 때문에 바이오 가스는 정제 과정 없이 직접 연료로 사용할 수 있어요. 이산화탄소가 조금 섞여 있긴 하지만요.

바이오 가스 속 메테인 함량이 50~80%로 다양해서 연료의 효율은 일정하지 않아요. 그래도 정밀한 연소가 필요 없는 난방이나 취사에 사용할 수 있지요. 연소를 통해 발생한 열로 난방과 전기를 얻는 열병합발전도 가능해요. 바이오 가스에서 분리한 메테인은 천연가스의 메테인과 동일해요. 바이오 메테인은 천연가스를 대체해 가정에서 쓰는 도시가스, 가스용 자동차 연료, 화력발전소의 에너지원으로 바로 사용할 수 있습니다.

바이오매스를 혐기성 조건에서 발효시키면 에탄올(C_2H_5O)을 얻을 수 있어요. 에탄올은 알코올의 한 종류예요. 학교 실험실에서 알코올램프의 연료로도 쓰고, 70% 에탄올은 소독약으로 쓰입니다. 바이오 에탄올은 옥수수나 사탕수수가 재료입니다. 옥수수에는 녹말이 많이 들어 있고, 사탕수수는 설탕을 얻을 수 있는 작물이지요. 녹말이나 설탕은 미생물에 의해 에탄올과 이산화탄소로 바뀝니다.

바이오 에탄올은 그 자체로도 연료로 사용할 수 있지만 휘발유에 섞어서 자동차 연료로 사용하기도 해요. 미국이나 유럽에서는 휘발유에 에탄올을 10% 섞은 E10을 사용하는 것이 흔한 일이에요. 세계에서 가장 많은 사탕수수를 생산하는 브라질은 E27 휘발유를 사용하고 있어요. 브라질에서는 다양한 농도의 에탄올 연료를 쓰기 위해 유연 연료 차량(FFV, flex-fuel vehicle)을 사용합니다. 기존 내연기관 자동차는 에탄올에 엔진이 부식되거나 에탄올의 낮은 휘발성을 극복하기가 어려워요. 유연 연료 차량은 이를 보완하는 기술이 적용되었어요. 우리나라는 유연 연료 차량을 수출하고 있지만, 국내에서는 아직 자동차 연료로 바이오 에탄올을 사용하지는 않아요.

바이오 에너지는 대안이 될 수 있을까

바이오 에너지는 현재 세계 에너지 공급에서 어느 정도 비중을 차지할까요? 국제에너지기구에 따르면 2022년 기준 바이오 에너지는 세계 에너지 공급량의 6% 정도를 감당했어요. 이는 나무나 숯을 태우는 전통적인 형태의 바이오 연료는 제외한 수치예요. 국제에너지기구의 2050 탄소중립 로드맵은 2030년에는 전통적인 형태의 바이오 연료는 0%가 되고, 2050년에는 현대적

인 바이오 에너지가 98EJ(엑사줄)로, 전체 에너지 공급의 18%를 감당하리라고 예측합니다.

하지만 바이오 에너지의 확대에는 우려도 따릅니다. 특히 식량 자원과의 경쟁이 가장 큰 걱정거리예요. 바이오 에너지 생산량이 지금보다 더 늘어나면 옥수수, 사탕수수 등의 작물을 연료의 원료로 더 많이 써야 하거든요. 이미 전 세계 농작물 생산량의 상당 부분이 식량 이외의 다른 곳에 쓰였어요. 2022년 미국에서는 생산된 곡물 2억 8,500만t 중 50%는 가축의 사료로, 사람의 식량으로는 15%를 썼어요. 바이오 연료를 포함한 산업 원료에 총 곡물 생산량의 35%를 쓴 셈이지요. 전 세계로 보면 바이오 연료 등의 산업 원료로 쓴 것은 곡물의 10% 정도예요. 무게로는 2억 5,000만t으로 1년간 7억 명이 소비하는 곡물과 맞먹어요. 어마어마한 양이지요. 흥미로운 점은 같은 해 11억t의 곡물이 동물의 사료에 쓰였다는 사실이에요. 이는 1년간 30억 명이 소비하는 곡물 양에 해당합니다. 만약 앞으로 식량 부족 문제가 심화된다면 그 원인이 바이오 에너지 때문인지 아니면 육식 때문인지 신중히 따져 봐야 할 거예요.

바이오 에너지 생산량이 늘면 식량으로 활용할 수 있는 농산물의 양이 줄어들 수밖에 없어요. 식량 생산을 위한 경작지도 부족해질 수 있지요. 국제에너지기구도 이 부분을 경계합니다. 국제에너지기구에서는 바이오 에너지 원료로 농업 잔재물, 임업 부산물, 도시 폐기물 등을 중점적으로 활용할 것을 권장합니다. 바이오 에너지 때문에 식량이 부족해지는 일은 최소화하고 탄소 배출은 최대한 줄이는 것이지요.

유럽연합은 재생에너지 비중을 전체 에너지 공급의 45% 이상으로 높이겠다고 목표를 잡으면서도, 토지 이용에 변화를 불러올 수 있는 팜유나 대두유의 사용을 2030년까지 단계적으로 중단하기로 했어요. 걱정이 모두 해소된 것은 아니지만 바이오 에너지를 생산할 때 식량과의 경쟁은 피해야 한다는 국제사회의 공감대는 확인할 수 있네요.

식량이 아닌 바이오 에너지 원료를 발굴하려는 연구도 이뤄지고 있어요. 이를테면 미세 조류를 대체 원료로 사용하는 것입니다. 클로렐라 같은 미세 조류는 광합성을 하고 양분을 지질(기름 성분) 형태로 저장하는데, 식물보다 지질의 함량이 높아요. 지질 함량이 높으면 더 많은 에너지를 낼 수 있기 때문에 미세 조류는 바이오 디젤을 만들기에 적합한 원료로 주목받고 있어요. 또한 미세 조류는 육상식물보다 세대 주기가 짧아 배양하기에도 좋아요. 빛과 무기 양분만 적절히 공급된다면 대량생산이 가능하고, 그 지속성도 식물보다 유리합니다.

셀룰로스가 풍부한 작물을 휴경지 등에서 재배해서 바이오

에너지의 원료로 쓰는 것도 한 방법이에요. 똑같이 포도당으로 구성되어 있지만, 녹말과 셀룰로스는 구조나 특성이 달라요. 우리가 식량 에너지원으로 삼는 곡물에 주로 포함된 것이 녹말이에요. 하지만 사람이 소화하지 못하는 셀룰로스는 식량으로서의 가치는 떨어집니다. 따라서 셀룰로스를 많이 얻을 수 있는 작물을 키워 바이오 에탄올을 만들면 식량용 작물과의 경쟁을 피할 수 있어요.

바이오 에너지를 확보하려는 여러 노력에도 불구하고 바이오 에너지가 화석연료를 완전히 대체할 수 없다는 한계는 인정해야 해요. 식량이 되는 작물은 아니지만 바이오매스를 생산하는 것은 농사와 같아요. 바이오매스를 생산하려면 막대한 양의 무기 양분이 필요하고, 결국 화학비료를 다량 사용해야 합니다. 하지만 화학비료를 무제한 투입할 수는 없는 일입니다. 에너지 면에서나 물질의 순환 면에서 지구의 환경 수용력에는 한계가 있기 때문입니다.

12

지구를 지키는 농사

지속 가능성

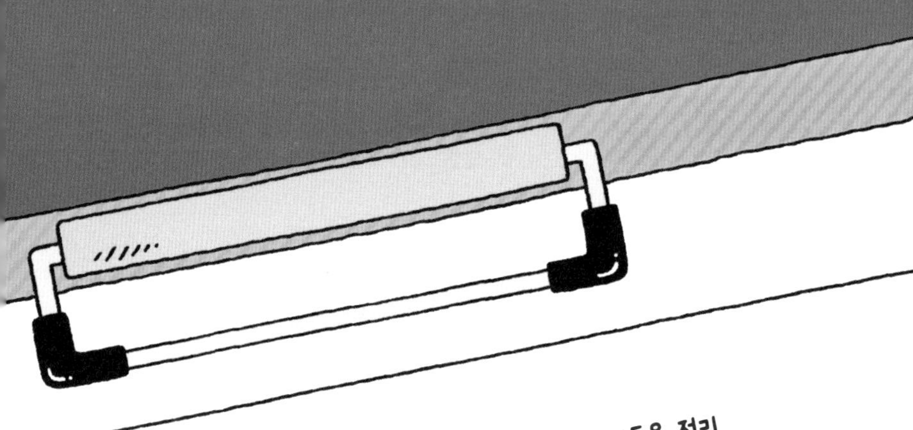

동아리 마지막 날, 1년 동안 텃밭을 가꾸며 알게 된 것들을 정리하고 추억의 한 장면을 뽑아서 발표했다. 나는 여름방학이 끝난 뒤 만났던 방울토마토에 관해 이야기했다. 돌아가며 물을 준 것 말고는 한 게 없어서 잡초도 많이 났는데, 건강하게 살아 있고 열매까지 맺고 있는 게 인상 깊었다. 1년 동안 꾸준히 텃밭을 가꾼 내가 기특하고 지원이라는 마음 맞는 친구를 얻어서 너무 좋다.

2월에 친구들이랑 모여서 동아리 후배 모집 준비하기
1년 텃밭 농사 준비하기

올 한 해, 씨앗이랑 모종, 퇴비까지 필요한 건 다 구매할 수 있었기 때문에 큰 어려움 없이 농사를 지은 것 같다. 씨앗, 모종, 퇴비 어느 것 하나 공짜로 얻는 것이 아닌데, 만약 그것들을 살 수 없다면 우리가 텃밭 농사를 계속 지을 수 있을까?

'지속 가능'의 기준

지속 가능성이라는 말, 많이 들어 봤을 거예요. 그런데 '지속 가능하다'라는 것은 어떻게 판단할 수 있을까요? 그 기준을 세워 볼까요?

인간이 1만 년 전 농사를 짓기 시작했을 때, 주된 목적은 식량을 안정적으로 얻는 것이었어요. 이는 오늘날에도 여전히 농업의 중요한 목적이에요. 현재 살아가고 있는 사람들은 물론 미래 세대도 안정적으로 식량을 얻을 수 있어야 진정한 '지속 가능한 농업'이라고 할 수 있겠지요.

식량이 안정적으로 공급될 수 있는지 판단하는 직접적 척도는 세계 인구입니다. 유엔이 2024년 발간한 〈세계 인구 전망〉 보고서에 따르면 현재 약 80억 명인 세계 인구는 2084년에 103억 명으로 정점에 달한 후 서서히 감소할 것이라고 합니다. 그런데 이 많은 사람에게 식량을 충분히 공급할 수 있을까요?

식량 공급량은 농지 면적과 생산량으로 따져 볼 수 있는데요. 지구상의 농지 면적은 이미 정점에 도달했다는 주장이 있을 만큼 그 증가세가 완만해졌어요. 그럼에도 생산량은 계속 늘고 있는데요. 1ha당 생산량, 즉 생산성이 높아지고 있기 때문이에요. 그 이유는 여러 가지입니다. 새로운 품종의 도입, 효과적인 비료

와 농약의 사용, 농업의 기계화·자동화·정보화, 정책적 지원 등이 종합적으로 작용한 결과예요. 총량만 놓고 본다면 인구 증가에 따른 수요만큼 공급이 늘어나는 추세입니다. 그럼 미래 세대에게도 안정적으로 식량을 공급하는 것은 문제가 없을까요? 여기서 한 가지를 더 고려해야 합니다. 식량 생산에 사용하는 자원이 충분한지예요. 지구의 자원은 유한하니까요.

'환경 수용력'이라는 말을 들어 본 적 있나요? 환경 수용력이란 생태계 안에서 자원이 안정적으로 공급되고, 생물의 다양성이 균형을 이룰 수 있는 최대 생물량을 말해요. 인간의 입장에서 지구의 환경 수용력은 '지구가 지속 가능한 수준에서 수용할 수 있는 최대 인구수'라고 할 수 있습니다. 〈세계 인구 전망〉을 근거로 생각한다면 100억 명 정도가 지구 환경 수용력이라고 판단할 수 있겠지만, 현재 세계 인구 약 80억 명이 이미 환경 수용력을 넘어섰다는 의견도 많아요.

농업을 포함한 사람의 활동은 자원을 소비하고 그 결과로 폐기물을 만들어 냅니다. 따라서 지구 환경은 자원을 생산해 공급하는 능력, 폐기물을 흡수해 처리하는 능력이 모두 충분해야 하지요. 이러한 지구의 능력을 생태계 면적으로 계산한 것이 생태 발자국이에요. 생태 발자국에는 식량을 생산하고 가축을 먹이는 데 필요한 농지 면적, 거주지 등 생활을 위한 땅의 면적, 자원을

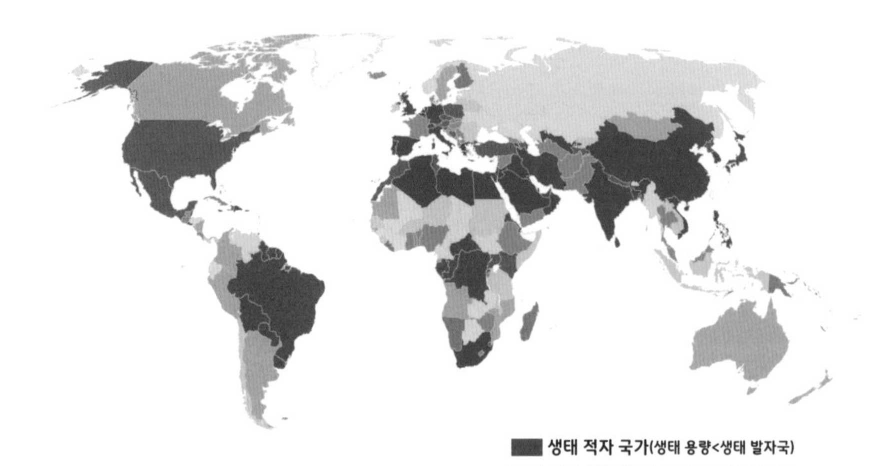

국가별 생태 용량. 한국은 진한 빨간색으로, 생태 발자국이 생태 용량의 150%를 초과한다.

채취하고 가공하는 면적, 배출된 이산화탄소를 흡수하는 데 필요한 숲의 면적 등이 포함됩니다.

지구에 거주하는 사람 전체의 생태 발자국을 따져 계산한 결과는 2024년 기준 1.7지구입니다. 2024년의 수준으로 삶을 유지하려면 1.7개의 지구가 필요하다는 뜻이에요. 국제생태발자국네트워크(GFN)는 매년 '지구 생태 용량 초과의 날'을 발표하는데요. 2024년에는 8월 1일이었어요. 2024년 8월 1일 이후로는 미래 세대가 사용할 양을 미리 당겨 쓰는 것과 같아요. 환경 수용

력과 생태 발자국을 기준으로 판단해 보자면 오늘날 우리 삶은 지속 가능성이 확보되었다고 말하기 힘들어요.

탄소 배출을 줄이는 농사법

지속 가능성을 담보하려면 지구의 환경 수용력에 사람이 맞춰서 생태 발자국의 크기를 줄여야 합니다. 여러 노력이 종합적으로 이뤄져야 하는데, 그중에서도 가장 먼저 탄소 배출을 줄여야 합니다. 인간이 배출한 탄소를 흡수하는 데 필요한 산림 면적이 생태 발자국에서 60% 이상을 차지하거든요. 그럼 농업 부문에서 탄소 배출을 줄이기 위해 어떤 노력을 기울여야 할까요?

2018년 기준 전 세계의 농업 부문 탄소 배출량은 9.3Gt으로, 전체 탄소 배출량의 약 18%를 차지합니다. 농지 1ha당 2t 정도를 배출한 셈이에요. 우리나라의 농업 부문 탄소 배출량은 21Mt(메가톤)으로 국내 총 탄소 배출량의 3% 정도로 그 비중은 적지만, 농지 1ha당 배출량은 13t 정도입니다. 우리나라 농업이 에너지 집약적이라는 사실을 알 수 있지요. 탄소 배출을 줄이려면 탄소순환을 강화하고 재생되지 않는 투입을 줄여야 해요. 화석연료는 대표적으로 재생되지 않는 투입에 해당하기 때문에 사용을 줄이는 것이 좋습니다.

농업에서 화석연료를 주로 사용하는 것은 농기계예요. 기계화율이 높은 우리나라에서 당장 농기계 사용을 줄이기는 어렵습니다. 연료를 바이오 디젤이나 재생 디젤로 바꾸면 좋겠지만, 아직까지는 바이오 연료가 경유보다 비싸서 농가에 부담이 될 수 있어요. 국가나 지방자치단체 차원에서 농업용 연료비를 지원한다면 도움이 되겠지요.

경유로 움직이는 농기계를 점차 전동화하는 것도 한 방법이에요. 앞서 7장에서 전기 배터리 때문에 농기계가 더 무거워지면 땅을 단단하게 다지게 된다는 단점을 이야기했었지요. 하지만 이는 기술적으로 해결할 일이지 농기계의 전동화를 피할 이유는 될 수 없어요. 물론 전기를 생산하는 발전소에서 여전히 화석연료를 사용하는 지금의 상황에는 변화가 필요하겠지요. 태양광이나 풍력과 같은 재생에너지를 전력원으로 확보하면, 농기계를 전동화하는 것이 탄소 배출 감소 효과로 나타날 거예요.

화석연료가 이용되는 또 다른 주요 분야는 화학비료와 농약이에요. 화학비료와 농약을 사용할 때 직접적으로 탄소가 배출되는 것은 아니지만, 비료와 농약을 만드는 공장에서 탄소를 배출합니다. 또 비료와 농약은 흙 속 미생물의 다양성과 생물량을 감소시켜요. 결과적으로 흙 속 미생물을 통한 물질의 순환과 유

기 탄소 함량을 떨어뜨리게 됩니다.

그 밖에도 농사 방법을 바꾸어 탄소 배출을 줄일 수 있습니다. 무경운 재배, 피복작물 재배 등이 그것이지요. 무경운 재배는 토양의 탄소 저장 능력을 끌어올리고, 토양 생태계를 보호할 수 있는 친환경 농법이에요. 피복작물을 재배하면 탄소 흡수를 늘릴 수 있어요. 또 구절초, 박하 등 탄소 흡수력이 높은 작물을 심는 것도 방법이에요. 농업 외적인 요소이지만, 지역에서 생산한 것을 지역에서 소비하는 로컬 푸드 시스템은 운송 과정에서 배출되는 탄소를 줄일 수 있어요. 장거리 유통은 운송 외에 저장, 포장 등으로 자원이 사용되고 탄소 배출이 일어나거든요.

에너지와 자원 절약하기

에너지원으로 무엇을 이용하든 에너지 효율성을 높이면 환경 부담을 덜 수 있어요. 그러려면 효율이 좋은 농기계를 적극적으로 개발하고 사용해야겠지요. 이때 새로운 기계나 설비를 갖추는 비용이 들 수 있어요. 초기에는 부담이 될 수 있지만, 중장기적으로는 에너지 비용이 줄어 농민에게 이득이 됩니다. 또는 농기계 공유나 임대를 확대하는 것도 경제적으로 바람직하겠지요.

농기계가 효율적인 동선으로 움직일 수 있도록 밭을 구성하는 것도 에너지 절약에 도움이 돼요. 작물에 농기계를 맞추기보다는 농기계에 작물과 농사법을 맞추는 것이지요. 예를 들면, 이랑과 고랑의 너비, 작물 간의 간격 등을 농기계가 오가기 쉽도록 만드는 거예요.

물을 주는 설비를 설치해서 물 사용을 관리하는 것도 자원과 에너지 절약에 도움이 됩니다. '점적 관개'라는 방법이 있어요. 물을 위에서 넓게 뿌리기보다는 작물의 뿌리 주변에 최소한의 물을 천천히, 자주 주는 방식입니다. 작물의 뿌리 주변에 파이프를 깔고, 파이프의 작은 구멍으로 물이 조금씩 새어 나오도록 하는 거예요. 이렇게 하면 물 사용량이 줄고, 무기 양분이 지하수로 흘러드는 것을 어느 정도 막을 수 있어요. 물을 공급하는 펌프의 작동 시간도 단축되고요.

재생에너지를 이용한 마이크로그리드(micro-grid)를 구축하는 것도 고려해 볼 수 있어요. 그리드는 전력 공급망을 뜻하는데요. 마이크로그리드는 소규모로 전력을 생산해 공급하는 전력 공급망입니다. 우리나라는 대용량 발전소에서 전력을 생산해 고압 송전선을 통해 전기를 보내는 구조입니다. 태안, 경주, 삼척 등지에서 전력을 생산해 주로 수도권으로 보내지요. 큰 규모의 발전소는 화력이나 원자력으로 전기를 생산합니다. 태양광이나 바

이오 가스를 이용한 소규모 발전은 농장이나 마을 단위로 운영할 수 있습니다. 태양광은 날씨의 영향을 받기 때문에 전력 생산량이 불규칙할 수 있어요. 그렇지만 전기 저장 시스템(ESS)을 함께 설치하면 저수지에 물을 가둬 두는 것처럼 전기를 저장해 놓고 쓸 수 있습니다.

또 마이크로그리드는 완전히 독립적으로 운영되지 않고 한국전력공사와 같은 외부 전력 공급망과 연결되어 쌍방으로 전기를 주고받을 수 있는데요. 전기가 부족하면 공급받고, 전기가 남으면 판매해서 수익을 얻을 수도 있어요.

농업을 위한 마이크로그리드를 팜 그리드라고 불러요. 국내에도 팜 그리드가 있어요. 충남 홍성 원천마을의 원천에너지전환센터입니다. 원천마을에는 돼지를 기르는 축사가 많아요. 냄새가 많이 나는 축사 분뇨는 늘 골칫덩어리였습니다. 그런데 이제는 이 돼지의 분뇨를 수거해 바이오 가스를 만들고, 바이오 가스를 연소해 열과 전기를 생산하고 있습니다. 마을 전체가 사용하고도 남아 다른 지역으로 공급하고 있다고 해요. 돼지 분뇨를 활용해 에너지 자립 마을로 거듭난 거예요. 또 발효 후 남은 돼지 분뇨 찌꺼기는 액화 비료로 만들어 인근 농가에 무료로 공급하고 있습니다. 재생에너지 발전을 통한 에너지 자립과 자원의 순환까지, 아주 멋진 사례가 아닐 수 없습니다.

농사도 제로 웨이스트로!

폐기물을 줄이는 것도 지구의 부담을 덜어 주는 일입니다. 특히 플라스틱처럼 잘 분해되지 않는 폐기물은 그 사용을 줄이거나, 줄일 수 없다면 분해가 잘되는 소재로 바꿔서라도 사용량을 줄여야 합니다. 한국환경공단의 조사에 따르면 우리나라 농업 분야에서 발생하는 폐비닐은 연간 약 30만t이라고 해요. 그중 절반 이상이 멀칭용 비닐이고, 나머지는 하우스용 비닐이에요. 그나마 폐비닐과 농약 용기는 영농 폐기물로 수거해 통계에 잡히지만, 비료나 종자의 포장 비닐, 플라스틱 상자, 플라스틱 파이프, 지주대, 비닐 끈 등은 통계에 포함되지 않습니다. 이것까지 모두 고려하면 농업 분야의 플라스틱 폐기물량은 훨씬 더 많을 거예요.

영농 폐기물 중 일부는 수거되어 재활용되지만, 대부분은 열분해를 통해 사라져요. 수거되지 않는 플라스틱 폐기물은 불법적으로 소각하거나 버려지면서 미세 플라스틱의 주원인이 됩니다. 미세 플라스틱은 눈에 보이지 않지만 생태계에 광범위한 영향을 미칩니다. 미세 플라스틱은 이를 섭취한 생물의 몸에 축적됩니다. 먹이사슬 단계를 거칠 때마다 포식자의 몸에는 미세 플라스틱이 더 많이 쌓이게 되어 몸에 이상 현상을 일으켜요.

흙 속의 미세 플라스틱은 흙의 성질에도 영향을 끼칩니다. 이를테면 흙의 보습 능력을 떨어뜨리지요. 미세 플라스틱은 뿌리를 통해 식물이 흡수할 수 있는데요. 미세 플라스틱을 흡수한 식물의 광합성량이 감소한다는 연구 결과도 있어요. 흙이 미세 플라스틱으로 오염되면 농작물뿐만 아니라 야생식물, 해양 조류 등 지구상 온갖 생산자의 광합성량이 줄어들게 됩니다. 그러면 지구가 가진 생산성이 감소해 환경 수용력도 줄어들게 돼요.

플라스틱을 대체하고자 바이오 소재 플라스틱의 개발과 사용이 확대되고 있습니다. 바이오 소재용 작물은 식량(사람과 가축의 식량 모두 포함)을 제외한 산업용 원료로 쓰여요. 예를 들어, 옥수수는 식량과 사료로 활용될 수 있지만, 바이오 에탄올이나 플라스틱의 재료로도 사용되는 대표적인 바이오 소재용 작물이에요. 바이오 소재는 연료, 약, 화장품, 섬유, 플라스틱 등이 다양한 분야에서 활용돼요.

바이오 소재용 작물로 만든 플라스틱을 바이오 플라스틱이라고 해요. 바이오 플라스틱은 크게 두 종류로 분류됩니다. 생분해성 플라스틱과 바이오베이스 플라스틱(bio-based plastic)이에요. 생분해성 플라스틱은 일정한 조건에서 곰팡이, 세균, 미세 조류와 같은 미생물이나 생물에서 추출한 분해 효소에 의해 물과 이산화탄소로 완전히 분해되는 플라스틱입니다. 6개월 동안 90% 이

카사바로 만든 생분해성 비닐과 카사바(오른쪽). 남미가 원산지인 카사바는 탄수화물이 풍부하다.

상 분해되어야 생분해 플라스틱으로 분류될 수 있어요. 석유 성분의 함유량이 많은 석유 기반 플라스틱 중에서도 생분해되는 플라스틱이 있어요. 석유 기반 플라스틱이라고 모두 분해되지 않고 미세 플라스틱이 되는 것은 아니랍니다. 단, 바이오 기반 생분해 플라스틱처럼 탄소 배출을 줄이는 친환경적 면모는 없겠지요. 바이오 기반 생분해 플라스틱은 친환경적이라는 면에서 장점이 있지만, 유통 중에 분해될 수 있다는 단점이 있어요. 옥수수 전분 그릇이 대표적이에요.

바이오베이스 플라스틱은 화석연료 대신 바이오매스를 활용해 만든 플라스틱으로, 잘 분해되지 않는 특성(난분해성)을 지녀요. 미생물, 생물에 의해 분해되기 어렵거나 분해 속도가 아주

느리다는 뜻이에요. 그래도 기존의 화석연료에 기반한 난분해성 플라스틱과 비교하면 온실 기체 배출량이 적지요. 예를 들면, 음료수병으로 흔히 쓰는 페트(PET)는 석유화학 기반 플라스틱이에요. 최근에는 사탕수수로 바이오 페트를 만듭니다. 사탕수수에서 나온 바이오 에탄올로 에틸렌글리콜이라는 성분을 만들 수 있는데, 이를 이용해 바이오 페트를 만들지요. 코카콜라에서 출시한 플랜트보틀(PlantBottle)이 바로 바이오 페트예요.

텃밭 농사와 지속 가능한 농업

지속 가능한 농업을 향해 가는 길은 무척 멀어 보여요. 오늘날 농업에서 널리 쓰이는 비료, 농약, 농기계, 비닐과 플라스틱 등이 모두 화석연료에서 비롯되었기 때문이에요. 지금처럼 대규모의 집약적인 농업이 가능했던 이유는 막대한 양의 화석연료가 뒷받침되었기 때문입니다. 스마트팜도 마찬가지예요. 편리하고 생산량이 높은 효율적인 스마트팜은 충분한 전기가 공급되기에 가능합니다. 또 설비를 갖추는 만큼 폐기물을 많이 배출하고요.

지금까지 해 오던 방식을 바꾸기란 쉽지 않습니다. 게다가 화석연료 없이 80억 세계 인구가 먹을 충분한 식량과 바이오 에너지, 바이오 소재에 쓰일 작물까지 일궈 내는 일은 무척 어려울 거예요. 그렇지만 지속 가능한 농업은 이제 우리에게 선택이 아니라 필수 과제예요.

유엔 식량농업기구는 지속 가능한 농업을 위해 "현재와 미래 세대의 식량에 대한 수요를 충족하면서 환경적·경제적·사회적 지속 가능성을 보장해야 한다"라고 주장해요. 자연 자원을 고갈시키지 않는 것부터 생물다양성을 지키는 일, 농민의 적정한 소득을 보장하는 일까지 여기에 포함됩니다.

도시에서 텃밭을 일구는 것은 이러한 지속 가능한 농업의 정의, 전 세계 농업의 규모를 생각하면 너무나 작은 일처럼 느껴집니다. 그러나 '나'에게 미치는 영향을 생각하면 결코 작은 일이 아니에요. 작은 텃밭일수록 지속 가능성을 지향하기가 더 쉽고, 그렇게 지속 가능한 텃밭을 가꾸는 일은 여러분에게 큰 변화를 가져다줄 거예요.

텃밭에서는 여러분이 원하는 작물을 원하는 만큼 길러 낼 수 있어요. 경험이 쌓이면 쌓일수록 인공지능이 없어도 능숙하게 해낼 수 있어요. 비닐로 멀칭을 하는 대신 손으로 직접 잡초를 뽑을 수 있고요. 해충이 나타나면 친환경 방제를 할 수 있고, 장기적으로 흙 속 미생물과 다양한 잡초가 어울려 사는 멋진 밭을 만들 수도 있습니다. 이는 눈에 보이지 않는 작은 생태계를 보호

하는 일이기도 합니다. 텃밭에서 기른 농산물로 자급자족하면 포장과 유통 단계에서 발생하는 탄소 배출이 사라지게 되지요.

텃밭에서 보내는 시간이 길어지면, 시간에 따라 달라지는 빛, 온도, 흙 그리고 물의 변화를 느끼게 돼요. 눈에 보이지는 않지만 흙 속 미생물의 존재도 알게 되지요. 나의 손길 말고도 여러 존재가 작물을 돌보고 길러 낸다는 사실을 점차 깨닫게 됩니다. 살아 숨 쉬는 생태계의 요소들이 서로 돌보고 의존하는 관계를 맺고 있다는 것을 가까이에서 경험하면 경이로움과 고마움이 솟아나요. 이러한 감정은 단순히 낭만적 감상이 아닙니다. 태양에서 생산자를 거쳐서 나에게 오는 에너지의 흐름과 이 여정에서 순환하는 물질에 대한 과학적 이해에서 비롯된 것이에요. 지속 가능한 농사를 지향하는 농부만이 얻을 수 있는 지식과 감정이지요.

텃밭을 가꾸기가 여의치 않다면 작은 화분에 상추 씨앗을 심어 보세요. 흙은 살짝만 덮어도 됩니다. 플라스틱 화분도 괜찮아요. 오래도록 쓰면 탄소 배출을 줄일 수 있으니 걱정하지 말아요. 단, 혹시 버리게 되면 꼭 분리배출 하기로 해요. 미세 플라스틱은 줄여야 하니까요. 볕이 잘 드는 곳에 화분을 놓아두고 잘 지켜보세요. 금세 싹이 나지는 않아요. 설레는 마음으로 기다림을 즐기세요. 일주일이 지났는데도 싹이 나오지 않는다고 흙을

헤집지 말고 3~4일 더 지켜보세요. 어느새 싹이 돋고 곧 줄기가 자라고 잎이 납니다. 잎을 부지런히 거두다 보면 어느새 꽃대가 올라올 거예요.

상추의 씨앗을 받는 것에도 도전해 보세요. 무사히 상추 씨앗을 받아 낸다면 마음이 벅찰 거예요. 그 씨앗에서 어떤 상추가 나올지는 심어 봐야 알겠지만, 이제 농부의 재산 목록 1호가 생겼습니다! 씨앗을 가진 진정한 농부가 되었네요. 이듬해에도, 그 다음 해에도 상추를 계속 심어 지속 가능한 농사를 지어 보세요. 어느 순간 텃밭은 베란다로 넓어지고, 작물 가짓수도 늘어날 거예요. 그리고 집 밖에, 도시 밖에, 어느 숲과 들판에 있을 지구의 수많은 비인간 존재와 더 건강하게 연결된 자신을 발견할 수 있을 거예요.

이미지 출처

19쪽 농촌진흥청

64쪽 위키커먼스

102쪽 위키커먼스(©Brian Johnson&Dane Kantner)

196쪽 Global Footprint Network

- 출처 표시가 없는 이미지는 셔터스톡 제공 사진입니다.
- 저작권 처리 과정 중 누락된 이미지에 대해서는 확인되는 대로 통상의 절차를 밟겠습니다.

오늘도 싱싱하게 텃밭 과학

초판 1쇄 발행일 2025년 6월 2일

지은이 김경태

발행인 김학원
발행처 (주)휴머니스트출판그룹
출판등록 제313-2007-000007호(2007년 1월 5일)
주소 (03991) 서울시 마포구 동교로23길 76(연남동)
전화 02-335-4422 **팩스** 02-334-3427
저자·독자 서비스 humanist@humanistbooks.com
홈페이지 www.humanistbooks.com
유튜브 youtube.com/user/humanistma
페이스북 facebook.com/hmcv2001 **인스타그램** @humanist_gomgom

편집주간 황서현 **편집** 이여경 이영란 **디자인** 유주현 **일러스트** 김일주
조판 아틀리에 **용지** 화인페이퍼 **인쇄·제본** 정민문화사

ISBN 979-11-7087-341-9 43400